郑国光◎主编

"我们的天气"丛书

我们如何改变天气

王元红◎编著

U0363517

气象出版社
China Meteorological Press

图书在版编目（CIP）数据

我们如何改变天气 / 王元红编著. –– 北京：
气象出版社，2016.11
（我们的天气 / 郑国光主编）
ISBN 978-7-5029-6438-2

Ⅰ.①我… Ⅱ.①王… Ⅲ.①气象学 – 普及读物
Ⅳ.① P4–49

中国版本图书馆 CIP 数据核字 (2016) 第 250295 号

Women Ruhe Gaibian Tianqi
我们如何改变天气

出版发行：气象出版社

地　　址：北京市海淀区中关村南大街 46 号　　　　**邮政编码**：100081

电　　话：010-68407112（总编室）　010-68409198（发行部）

网　　址：http://www.qxcbs.com　　　　**E-mail**：qxcbs@cma.gov.cn

责任编辑：侯娅南　胡育峰　　　　　　　　**终　　审**：邵俊年

责任校对：王丽梅　　　　　　　　　　　　**责任技编**：赵相宁

封面设计：符　赋

印　　刷：北京地大天成印务有限公司

开　　本：710 mm×1000 mm　1/16　　　　**印　　张**：9.25

字　　数：140 千字

版　　次：2016 年 11 月第 1 版　　　　　**印　　次**：2016 年 11 月第 1 次印刷

定　　价：36.00 元

本书如存在文字不清、漏印以及缺页、倒页、脱页等，请与本社发行部联系调换

"我们的天气"丛书编委会

序

　　我们生活的方方面面——衣食住行，都与天气气候息息相关。天气气候，无时无刻不在影响着我们。

　　党的十八大提出"加强防灾减灾体系建设，提高气象、地质、地震灾害防御能力""积极应对全球气候变化""加强生态文明宣传教育""普及科学知识，弘扬科学精神，提高全民科学素养"。习近平总书记强调，"要组织力量，对异常天气情况进行研判，评估其现实危害和长远影响，为决策和应对提供有力依据"。党中央、国务院对气象工作做出的一系列重大战略部署和要求，无不彰显出对气象防灾减灾、应对气候变化的高度重视，无不彰显出对气象保障国家治理体系和治理能力现代化的殷切期望。

　　近年来，随着气象科技的快速发展，天气气候中的许多概念都有了新的内涵。随着气象服务领域的不断拓宽，气象越来越融入经济社会发展各领域，人们生产生活也越来越须臾离不开气象。如何通俗、科学地介绍气象科技、气象业务、气象防灾减灾知识，为大众揭开气象的神秘面纱，显得越来越重要。

　　中国工程院重点咨询项目"我国气象灾害预警及其对策研究"对近年来我国气象灾害及其影响、气象致灾的特点、气象致灾预警中存在的问题进行了全面的分析，并提出对策。研究发现，基层干部及群众，包括一些领导干部，对灾害发生的规律了解不够，在第一时间做好自救和防护的意识和能力亟待提高，急需加强科普宣传，提高全民对灾害的认识，增强群众自救能力。

　　在经济发展新常态下，各级党委和政府、社会各界对气象服务的需求将越来越多，重大自然灾害的国家治理对气象保障的要求将越来越高，气象为经济社会发展、人民幸福安康、社会和谐稳定提供坚强保障的责任将越来越大。但是，大众对气象科技的了解和理解还不够，全民气象意识还薄弱，气象知识还匮乏，特别需要加大力度，通俗易懂地传播气象科技、气象工作、减灾防灾、自救互救等知识。

气象服务让老百姓满意，是全体气象工作者的职业追求。人民群众能不能收得到、听得懂、用得上各种气象信息产品，是衡量公共气象服务效益的主要标准。让更多的民众认识气象，了解气象的基本规律，提高抵御自然灾害的意识和能力，是我们气象工作者义不容辞的使命。

为满足广大民众对气象科普的基本需求，由中国气象局气象宣传与科普中心、中国工程院环境与轻纺工程学部、气象出版社共同策划了"我们的天气"科普丛书，旨在向社会大众传播最新天气气候科学及防灾减灾知识。本丛书共分六册，分别是：《明天是个好天吗》《天气预报准不准》《天气与我们的生活》《我们如何改变天气》《科学应对坏天气》《天气与变化的气候》。每册各有侧重，又相互联系。气象科普存在专业性、前沿性、学科交叉性、难度大的特点，为保证内容的科学性，本书邀请了业界、学界的专家，设立以院士、专家为主编、副主编的丛书编委会，编委会成员由有关专家和科普作家组成。在此，向为本丛书的编撰和编辑出版做出贡献的所有专家表示衷心的感谢！

希望丛书的出版能为气象服务于人民生产、生活提供有益的帮助。同时，我也呼吁全社会动员起来，积极关注和参与应对气候变化，大力推进生态文明建设，为实现中华民族伟大复兴的"中国梦"而努力奋斗。

中国气象局局长 郑国光

2015 年 3 月

目　录

一、人工影响天气概述

从远古的尝试谈起

"靠天吃饭"的说法古已有之。对于天，人们总是敬畏的、顺从的，皇帝甚至自称天子，也就是天的儿子，来代表天统治百姓。在古代，没有人怀疑过这一点，人们屈从，人们低头，人们祈求苍天的保佑；人们祭天，人们甚至向它下跪。可风调雨顺是人们祈求能得来的吗？是人们靠跪拜就能够得到吗？古代的统治者抓住某种巧合，大肆宣扬祈雨的成功和祭祀的效果，可当我们静下心来去思考的时候，我们会问，顺从、敬畏或者祭祀，天就能够听我们的话吗？

不！事情并没有那么简单。干旱、冰雹、暴雨、雷电……那些让我们感到恐惧的气象灾害还是不期而至，还是给我们带来了无情的灾难，甚至夺取了很多人的生命，让我们遭受了巨大的损失。

聪明的先人试图用人工方法来影响天气。明代，人们面对冰雹一次又一次的袭击，他们想了很多办法，敲锣打鼓，使用土枪土炮、炸药包等，试图用这些办法防止冰雹落到地面，避免危害农作物。现在看来，这些办法虽然略显幼稚，但却是很好的尝试，是人们想通过自己的努力来影响天气的一种美好愿望的表达。

明代先人以土炮轰击冰雹云

17 世纪末，清代的《广阳杂记》中有这样的记载："夏五六月间常有暴风起，黄云自山来，风亦黄色，必有冰雹，大者如拳，小者如栗，坏人苗田，此妖也。土人见黄云起，则鸣金鼓，以枪炮向之施放，即散去。"这让我们感到欣慰，面对天灾，人们不再祈求和祷告，而是正确地认识它，积极地面对它，并且采取有效的办法来制止它。对付冰雹，人们不再焚香和跪拜，而是使用土枪和土炮，这是一种观念的转变，更是一种科学的态度。

这样的事情只发生在中国吗？不，外国也有。不管在哪里，人们对天的认识、对气象的认识、对灾害的认识都有一个从敬畏到科学认知的过程。

1815 年，在意大利，就有人采用敲钟、烧篝火的方式进行防雹。人们似乎是想用这种方式将冰雹吓走，但冰雹是吓不走的，想要赶走冰雹，要用人工来影响天气，这一切都需要进行严谨的科学试验。

面对干旱，许多人试图用人工降雨的方式来缓解。根据大战后战场往往下大雨的经验，1891 年前后，美国曾用大炮轰云或用气球和火箭携带炸药到云中爆炸等方法来增加降雨量。1903 年，澳大利亚人将氢气引入空气中以抬升气块，从而使气块冷却、成云致雨。还有人设想用加热气块的方法抬升空气，或通过机械方法利用鼓风机抬升空气，或用电学方法播撒带电沙粒等方法促使降雨形成。遗憾的是，这些方法不是收效甚微就是完全失败。

国外人工影响天气的科学试验

进入近代，人工影响天气研究的步伐加快了，这得益于大气探测技术的迅猛发展，人们在认识天气方面更加科学，更加理性。

1931 年，荷兰人范拉特将 1.5 吨的干冰播撒到 2 500 米的高空中，结果下了雨。他分析这是由于干冰粒子相互摩擦产生电荷，引入云中的电荷导致云滴合并且逐渐增大，因而产生降水。这个分析现在看来是错误的，干冰催化产生降水并不是因为粒子相互摩擦产生电荷。

1938 年，美国学者霍顿在麻省理工学院野外的试验站将氯化钙撒到大雾中，结果使周围的雾消散了。氯化钙作为吸湿性核，在消除暖雾时，起到了很好的催化作用。

1946 年，美国从事过冷却水研究的物理学家谢弗发现，用干冰，也就是固态的二氧化碳，可以使局部空气的温度降到 −40 ℃。同年 11 月 13 日，在单翼机舱里，谢弗在马萨诸塞州西部一座山上空的一块过冷云上部撒播了 1.36 千克干冰，撒播干冰后的 5 秒内，几乎整个云都转化成雪，并形成雪幡降落，雪幡下落 600米后升华消失。这表明用少量催化剂改变过冷云，可以达到降雪、消云的目的。

美国物理学家谢弗　　　　　　　　　美国物理学家冯内古特

随后，谢弗和其他研究人员又利用飞机在云层中播撒大量干冰进行试验，取得了很好的效果。在人工影响天气事业中，这是一个伟大的发现。

也是在这一年，美国的另外一位物理学家冯内古特也发现了一种物质——碘化银，并进行了成冰试验，这次试验也获得了成功。用碘化银催化不需要飞机，设备简单，用量很少，费用低廉。一时间，美国出现了许多人工造雨公司，这项技术在其他国家也迅速推广开来。在人工影响天气事业中，这是又一个伟大的发现。应该说，谢弗和冯内古特两个人的试验奠定了现代人工影响天气的基础。

1947 年 10 月 13 日，美国进行了首次人工影响台风的尝试。1948—1949年，美国在中美洲的洪都拉斯对热带云进行了飞机播撒干冰的消云试验。1949—1951 年，美国在新墨西哥州对积云进行多次播撒干冰试验，并开始使用能够在地面喷射碘化银烟的发生器进行周期化播撒。

20 世纪 50 年代初期，美国一些地区出现了干旱，一批私营公司却因干旱而崛起。这些公司在解决水资源不足、积累播云资料以及提供试验场所、提高催化方法的可靠性和适用性方面起到了积极作用。这一时期，美国还开展了由谢弗领导的以抑制闪电为目的的"天火计划"。

除美国外，世界上许多国家也都较早地开展了人工影响天气试验。澳大利亚由于气候干燥，降水量少，人工降雨的设想对其具有很大的吸引力，并在 1947年初就进行了对层积云的飞机播撒干冰试验。1955—1959 年，澳大利亚实施了播撒碘化银的"斯诺伊山区计划"，试验获得一定成功。在同样严重缺水的以色列，他们的播云活动始于 1948 年，并在 1952 年就开始在人工降雨试验中引进了随机化播撒的概念，为其后成功地实施人工降水相关试验奠定了基础。

人工消雾方面的尝试也不乏其例。第二次世界大战中，英国人在飞机跑道两侧设置很多大火炉，用来加热空气使雾滴蒸发，以保证作战飞机安全起降。

在试验成功的基础上，各个国家的人工影响天气业务也就兴盛了起来。目前全世界每年有 30 多个国家（如美国、俄罗斯、加拿大、以色列、泰国、澳大利亚、印度、法国、意大利、韩国、日本、南非等）开展各种方式的人工影响天气活动。其中，美国、俄罗斯、以色列等国还把人工增雨的成套技术向发展中国家输出。

在人工影响天气业务中，俄罗斯表现得尤为突出。他们的人工影响天气机构由水文气象部门组织和管理，有专业的队伍实施作业，拥有各种各样的探测设备，用于作业的飞机就有 30 架之多。除此之外，一些科研院所还为他们提供人工影响天气的技术支持。

在人工影响天气这个领域，每个国家的运作方式又不一样。如美国，他们的人工增雨工作采取的是市场化运作，由专业的人工影响天气公司负责组织和实施。而泰国，人工影响天气业务由农业部下属的皇家造雨局组织实施，空军的 60 多架飞机随时可供他们调用。以色列则是由水务管理部门来组织实施人工影响天气的工作。

总结起来，国外的人工影响天气基本上采用两种方法：一种是使用飞机进行作业，另外一种就是在地面燃烧焰火剂进行作业。催化对象主要为地形云、对流云、层积云等，而所采用的催化剂主要有碘化银、致冷剂、吸湿性焰剂等。

近年来，随着气象科学的不断发展，人工影响天气事业也随之发展。仅探测手段就有飞机、雷达、卫星等多种方式。拿俄罗斯的人工防雹来说，他们已开发出自动化识别、决策和作业的实施系统。

我国人工影响天气的发展历程

我国的人工影响天气试验研究，早在 1955 年编制十二年科技规划时便提上了日程。在讨论期间，著名科学家钱学森建议将人工降雨试验列入科技规划，当即得到时任中央气象局局长涂长望和时任中国科学院地球物理研究所所长赵九章的积极支持。

钱学森

1956 年 1 月 25 日，毛泽东主席召集最高国务会议，讨论并通过《1956—1967 年全国农业发展纲要》。其间，时任中央气象局局长的涂长望汇报说："我们研究《气象科学研究十二年远景规划》时，大家都同意把人工降雨试验列入重点项目。"毛主席听了高兴地说："人工造雨是非常重要的，希望气象工作者多努力。"毛主席这个指示是对气象工作者的殷切期望，也是对人工影响天气研究工作的支持。从此，我国人工影响天气工作开始启动。

1956 年，中央气象局制定了《1956—1967 年全国气象事业发展纲要》，在随后发布的《气象科学研究十二年远景规划（草案）》中，有一项是"云与降水物理过程和人工控制水分状态的试验研究"。主要内容有：我国大陆和近海云、雾和降水的物理属性与其形成、发展和演变过程；中国大气中水分的蒸发、凝

涂长望　　　　　　　　顾震潮　　　　　　　　赵九章

结、升华和降水过程的研究；制定适合我国条件的人工控制大气中水分状态的方法。此外，该规划还列出了人工降雨、人工消除云雾和冰雹的具体内容。

总体来说，我国人工影响天气的发展历程大致分为五个阶段：

第一阶段（1958—1959 年）：规划和初步试验

为了具体实施十二年科学发展规划，1958 年 1 月，中央气象局党组会议决定开展人工影响局部天气试验研究。会后，涂长望邀请著名科学家和有关单位领导开会讨论如何开展人工降雨试验研究，如何建立飞行实验室、高山云雾观测试验站和技术人员的培训等问题，并进行了分工。

1958 年 2 月，国家科学规划委员会批复同意成立由钱学森、顾震潮等人组成的云雾物理专业组，由赵九章负责。当年 4 月，涂长望、赵九章到黄山进行高山云雾考察，随后涂长望又到庐山考察。

1958 年 7 月，吉林省吉林市出现 60 年未遇的特大干旱，吉林省气象局受《人工影响云雾》一文的启发，提出在吉林市开展飞机人工降雨试验。同年 8 月 8 日，在苏联专家的帮助下，由吉林氮肥厂生产干冰，利用空军用飞机，我国大陆首次进行了播撒干冰影响对流云降雨试验，并获得成功，降雨 20 分钟，降雨区面积 200 千米^2，作业下风方宝安水文站观测降雨量为 16 毫米。同年 8 月 8 日—9 月 13 日，分别以吉林市和丰满水库为中心共进行 20 架次飞机人工增雨作业，取得了不同程度的增雨效果，基本解除了旱情。吉林省的人工降雨试验受到中央气象局领导的关怀和支持，中央气象局委派有关部门的领导、专家和科技人员赴现场考察和协助开展人工增雨试验。吉林人工降雨试验成功促进了人工影响天气试验在全国较大范围内的推广。

为了缓解西北地区的干旱，开发利用祁连山的冰雪资源，中国科学院地球物理研究所与甘肃省气象局、北京大学、中央气象局协作组成工作小组。1958年7月下旬，叶笃正、顾震潮进入祁连山实地考察人工降水条件。同年8月中旬，在祁连山进行地面燃烧含碘化银丙酮溶液的焦炭、施放由气球携带的含碘化银丙酮溶液药剂的定时燃烧盒进行人工催化试验。受到吉林飞机人工增雨成功的鼓舞，1958年8月31日—10月3日，工作小组先后在兰州、酒泉、榆中和祁连山共进行了18架次的飞机播撒干冰、盐粉的人工降水试验。播撒干冰后观测到云底出现雨幡或雪幡的人工影响效果，同时，在飞机上用云物理仪器观测了云的微物理结构，获得了珍贵的资料。

同年，科研人员在湖北、河北、江苏、安徽、广东等地先后开展了对暖云和冷云的人工增雨和消云等催化试验，大大加快了我国人工影响天气试验的步伐，开创了我国有组织地、科学地进行人工影响天气试验工作的新局面。

第二阶段（1960—1979年）：注重观测与科学试验

1960年2月，在国家科学技术委员会的领导下，人工控制天气办公室成立，该办公室设在中央气象局，负责协助各省制定计划、组织协作、交换情报、交流经验，并且帮助部分地区改善工作条件。

科研人员结合人工影响天气作业试验开始对云、降水微物理结构、冷云催化剂制备方法、播撒技术和设备、暖云催化剂核化机理等进行研究。

1962年以后，在十二年科学发展规划的指导下，人工影响天气的研究不断深入，研究领域不断扩大。人们对我国不同地区自然云的宏观、微观特征有了初步的认识，并对人工增雨的可能性、积云动力学以及暖云降水微物理学等问题进行了理论研究。

1978年5月，人工影响天气研究所成立，该研究所的成立加大了对人工影响天气的研究力度。

20世纪70年代，采用区域回归随机试验方案的福建古田水库人工降雨试验计划开始实施。中国科学院大气物理研究所组织几十名科技人员利用雷达、探空设备、闪电计数器，对山西昔阳和大寨进行有设计的人工防雹试验，对雹云资料和防雷效果进行了分析。此时，在全国范围内逐步形成了以 37 高炮为主体的催化作业体系。在此期间，科技人员忙于外场作业，研究工作得不到保证，科技水平提高缓慢。

第三阶段（1980—1990 年）：调整作业规模，注重项目研究

1981 年开始，我国实施了"北方层状云人工降水试验研究"科研项目。

1986 年，北京大学地球物理系研制出了我国第一台微波辐射计，它可以遥感测量大气中的水汽和液态水。

1987 年，黑龙江省大兴安岭地区发生森林大火，相关部门开展了 18 个区域的增雨作业，这是以人工增雨的手段灭火的一次有益尝试，人工影响天气的应用范围进一步拓展。

1989 年 11 月，《国家气象局人工影响天气管理办法（试行）》出台，表明我国的人工影响天气工作进入规范化管理阶段。

第四阶段（1991—1999 年）：协调会议制度的建立和作业规模的扩大

到了 1999 年，全国有 1 377 个县开展人工影响天气工作，拥有作业高炮 6 270 门，新型火箭发射架 296 个。

1994 年 10 月 18 日，全国人工影响天气协调会议（以下简称协调会议）成立会议暨第一次全体会议在北京召开，经国务院批准成立的协调会议对全国人工影响天气工作具有组织、协调和指导的职能。因为人工影响天气并不是气象部门一家的事情，需要多部门协调和配合，所以，协调会议制度规定，中国气象局为牵头单位，国家发展计划委员会、国家经济贸易委员会、国家科学技术委员会、财政部、民政部、农业部、林业部、水利部、民航总局、中国科学院、总参谋部、空军司令部为成员单位[①]。

第五阶段（2000 年至今）：快速发展

近年来，我国云降水物理的理论研究主要侧重于数值模拟方面，在物理机制、催化原理的模拟和预报方面取得了有特色的成果，并在微物理过程参数化和层状云、冰雹的数值模拟等方面处于世界先进水平。

---

① 由于历史沿革，成员单位的名称和数量后来有所变化。

人工影响天气研究在试验技术和催化作业工具上也取得了重大进展：通过优选催化剂配方研制了新的烟弹，其成核率、成核速率均达到国际先进水平；研制出较高射程火箭、高炮弹、飞机烟弹和尾燃烟弹，并已广泛应用于人工增雨和防雹作业；初步建成了人工影响天气现代化技术体系，主要特点是以飞机、新一代天气雷达（多普勒雷达）、卫星、高空及地面探测、中尺度云雨天气分析系统、云物理多项专用探测系统和计算机通信网络等组成联网，通过中心处理机，可对云场和降水场增雨潜力进行实时预报，实时指挥作业，逐步减少了作业的盲目性，提高了科学性。

通过梳理我国人工影响天气的发展历程，我们会对我国的人工影响天气事业有一个大致的了解，这里需要说明的是，人工增雨、人工降雨、人工造雨、人工降水等叫法实际上是同一个概念，不同的叫法只是历史遗留下来的称谓，现在基本都称之为人工增雨。

人工影响天气的内容有哪些

我们所说的"人工影响天气",有时也被简称为"人影",这是一个大概念。在这里,需要对一些基本的概念加以介绍。

所谓人工影响天气,是应用各种技术和方法使某些局部天气现象朝预定的方向转化。具体来说,就是指为了避免或者减轻气象灾害,合理利用气候资源,在适当的条件下通过科技手段对局部大气的物理、化学过程进行人工影响,实现增雨(雪)、防雹、消雨、消雾、防霜冻等目的的活动。

人工影响天气是个总称,在这个概念下面,有人工增雨、人工增雪、人工消雨、人工消雾、人工防雹、人工防霜冻等。此外,人工影响天气的领域还在不断拓展,如人工抑制雷电、人工削弱台风等。下面的章节将会对这些人工影响天气的方式一一介绍。

通过介绍人工影响天气的基本内容,我们能够了解到,人工影响天气多是针对气象灾害开展的,比如干旱可以通过人工增雨(雪)得以缓解,冰雹可以通过人工防雹来进行防范,等等。但人工影响天气必须依赖一定的条件,必须符合科学规律。如果干旱了,你希望气象部门进行增雨来缓解,这个愿望很好,但天上要有云,要有足够的水汽。如果想在烈日当空、一点云都没有的条件下进行增雨,是完全不可能的。

11

二、天上有朵下雨的云

云是指停留在大气层中的水滴或冰晶或两者混合的集合体，是地球上庞大水循环的有形结果。太阳照在地球的表面，水蒸发形成水蒸气，一旦水汽过饱和，水分子就会聚集在空气中的微尘（气象上叫凝结核）上形成水滴或冰晶，这就产生了不同外观的云。云是自由大气中热力过程和动力过程的外在表现。

人工增雨（雪）、人工防雹、人工消雨等人工影响天气作业，主要针对的是大气中的云，因此，我们有必要在这里对云做一些简单的了解，更要对空中那朵能下雨的、下雪的、下冰雹的云做深入的了解。

云的分类

云的分类是指大气探测学上对云的一种形态学上的划分。我国按照云底的高度将云分为低、中、高3族，然后再区分为10属，并进一步细分为29种，这就是一般所说的"3族10属29种"云（表2-1）。

表2-1　云状分类表

云族	云属	简写	云类	简写
低云	积云	Cu	淡积云	Cu hum
			碎积云	Fc
			浓积云	Cu cong
	积雨云	Cb	秃积雨云	Cb calv
			鬃积雨云	Cb cap
	层积云	Sc	透光层积云	Sc tra
			蔽光层积云	Sc op
			积云性层积云	Sc cug
			堡状层积云	Sc cast
			荚状层积云	Sc lent
	层云	St	层云	St
			碎层云	Fs

云族	云属	简写	云类	简写
低云	雨层云	Ns	雨层云	Ns
			碎雨云	Fn
中云	高层云	As	透光高层云	As tra
			蔽光高层云	As op
	高积云	Ac	透光高积云	Ac tra
			蔽光高积云	Ac op
			荚状高积云	Ac lent
			积云性高积云	Ac cug
			絮状高积云	Ac flo
			堡状高积云	Ac cast
高云	卷云	Ci	毛卷云	Ci fil
			密卷云	Ci dens
			伪卷云	Ci not
			钩卷云	Ci unc
	卷层云	Cs	毛卷层云	Cs fil
			薄幕卷层云	Cs nebu
	卷积云	Cc	卷积云	Cc

适合人工影响天气作业的云

层状云

层状云是布满全天或部分天穹的均匀（指厚度、灰度和透光程度均匀）幕状云层，常具有较大的水平范围，也经常会与大尺度天气系统联系在一起，甚至会形成比较大的云系。

　　层状云主要包括卷层云、高层云、雨层云。层状云主要由低层气流大范围缓慢而持续地抬升而形成。层状云是我国北方的主要降水云系，也是人工增雨的主要作业对象。

透光高层云

雨层云

卷层云属于高云，其厚度最薄，一般为几百米至 2 000 米，云体由冰晶组成。高层云属于中云，其厚度一般为 1 000～3 000 米，顶部多由冰晶组成，主体部分多由冰晶与过冷却水滴共同组成。雨层云属于低云，其厚度一般为 3 000～6 000 米，其顶部由冰晶组成，中部由过冷却水滴与冰晶共同组成，底部由于温度高于 0 ℃，基本由水滴组成。

层状云中的雨层云和高层云可以产生长时间的连续性降水，尽管这些云的降水强度不一定很大，但是降水范围却比较广，降水时间也比较长，总的降水量也就比较大。这样的降水能够被土壤充分吸收，在缓解旱情、增加水库蓄水量、补充地下水等方面都发挥着非常重要的作用。冬季的降雪和春季的降水多为层状云降水，农谚有"今冬麦盖三层被，来年枕着馒头睡""春雨贵如油"等说法，足见层状云降水对农业生产影响很大。

对流云

对流云是由于热力原因或动力原因在不稳定的大气层内产生对流而形成的，也叫积状云。热力对流形成的云云体孤立分散，具有明显的日变化；动力对流形成的云云体往往呈长条状分布，一天中任何时刻均可出现。对流云一般包括淡积

云、浓积云、积雨云。卷云也属于对流云，但却是一种比较温和的对流云，不会
造成灾害。

浓积云

就热力原因来说，在夏季，地面由于受到太阳的强烈辐射，又因为地表的性
质不同，地表吸收的太阳辐射也不一样，地表温度的水平分布就很不均匀，这
样，在近地层中就形成了大大小小的热泡。比较大的热泡维持的时间比较长，里
面的温度也比较高，热泡膨胀增大，在空气浮力的作用下，就会不断升高，达到
了积云的凝结高度，就成为积云的胚胎。在大气不稳定的情况下，积云的胚胎就
会吸收大气中的不稳定能量继续发展，最后形成积雨云。

就动力原因来说，大尺度的天气系统的运动和变化就会形成对流云。

对流云的发展大体可以分为三个阶段。第一个阶段以气流的上升为主，上升
气流比较强盛，云中的水汽凝结加快，云内粒子之间的碰并也得到加强，云体也
在不断地增大增高。第二个阶段是上升气流和下沉气流达到了一种平衡，降水粒
子下降的末速度和上升气流速度基本相等，云体也发展到了一个比较鼎盛的状
态，这个时候，降水粒子不断增长，并最终有可能产生降水。第三阶段也就是消
散阶段，这个时候，云体内基本上以下沉气流为主。

积层混合云

实际上，绝大多数时候，并不单单只有对流云，或者只有层状云，而是两种云混合在一起，我们把这种积云和层云混合在一起组成的云叫作积层混合云。大多数大尺度降水云系，特别是产生暴雨或特大暴雨的云系，基本上都属于积层混合云。

积层混合云

地形云

含有一定水分的空气在盛行风的作用下，经过地形的抬升，就会形成一种云，我们把这种因为地形作用而形成的云称为地形云。有时，尽管在空气中有水汽，但是由于空气还处于未饱和的状态，所以还不能形成云，不过，经过了地形的抬升之后，随着温度降低，饱和水汽压也降低，空气就达到了饱和状态，通过凝结，便形成了地形云。地形云一般会出现在山体的迎风坡，也可能出现在山脊以下，或者高出山顶。地形云一般没有固定的形状，可以归入到各云族中。但是，也有少数形态独特的云不适合归入各云族中，比如，珠穆朗玛峰等海拔比较高的山峰，会出现一种地形云，像旗子一样飘扬在山顶，所以大家也将其称为"旗云"。

旗云

云中的水

实际上，云中的水是呈现了三种相态的，即气态、固态和液态。水在云中主要以水汽、云滴、雨滴、冰晶、雪、霰、冻滴、冰雹等形式存在。我们先来认识一下云中水的存在形式。

水汽　大气中的水汽含量因时因地而异，热带多雨地区较高，寒冷干燥地区较低。它的垂直分布主要集中在离地面 2～3 千米的大气层中，高度越高，水汽就越少。水汽能强烈地吸收地面辐射，也能放射长波辐射，在水相变化中不断放出或吸收热量，因此，水汽对地面和空气的温度影响很大。

云滴　大气中直径为几微米到 100 微米的悬浮在空气中的小水滴，我们把它叫作云滴。云滴的直径一般在 50 微米以下，大的可以达到 100 微米，云滴的浓度为 10 ~ 1 000 个 / 厘米^3。不同的云中，云滴的浓度和大小有很大的差别，在层状云中，云滴的直径只有 5 ~ 6 微米，而在积状云中，云滴则比较大，发展比较强盛的积云，云滴的直径可以达到 10 ~ 20 微米。层状云中，云滴的浓度比较大，而积状云中云滴的浓度则要小一些。总体而言，小云滴的浓度大于大云滴的浓度。

雨滴　指大气中直径在 100 微米以上的小水滴。尽管实际上雨滴并不是严格意义上的球形，但一般在研究的时候都把它当作球形来看。

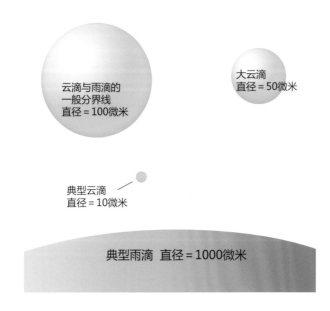

冰晶　水汽在冰核上凝华增长而形成的固态水成物。冰晶的形状比较复杂，有针状、柱状、平板枝状等。

雪　天空中的水汽，冷却到 0 ℃以下时，就有部分凝华成冰晶，冰晶经过聚合就形成了雪，因此，也将雪叫作冰晶聚合体。雪的形状也比较复杂，多为六角形，在研究的时候，一般都将其简化为平板枝状。

过冷水滴　云中的水滴尽管达到了 0 ℃以下，但因为缺少凝结核，并没有结冰，而依然以液态水滴的状态存在。

冻滴　冻结的过冷雨滴，直径小于 5 毫米，呈球状。其外壳为冰，内部为水。

霰 由白色不透明的球形或锥形（直径 2～5 毫米）的颗粒组成的固态降水叫作霰，又被称为雪丸、软雹，落到坚硬的地面会反跳，松脆而且易碎。霰一般是冰晶或者雪经过撞冻[①]过冷水滴最终形成的一种冰相粒子，也可能是冻结的小水滴，多呈球形。

霰

冰雹 从积雨云中降落，直径在 5 毫米以上的固态降水物叫作冰雹，也叫雹，俗称雹子，春夏之交或夏季最为常见。冰雹的形成比较复杂，它的形状也多变，有球形、椭球形、扁球形、锥形，还有不规则形。有关冰雹的相关知识，我们在后面的章节里还会介绍。

以上云中水的存在形式尽管都不算大，但却是云物理研究的主要对象，因为它们都与最终的降水有很大的关系。它们在云中是如何形成的？最终又如何作为降水落到地面上的？在这个过程中，我们对它们能够产生什么样的影响？我们是要让它形成，还是要让它消散？这些问题正是大气物理所要解决的问题，只有解决这些问题，人工影响天气才有理论依据，才能够更好地进行。

云中的秘密

我们用肉眼看到的云通常是一个整体，它有时像棉花团，有时像被子，姿态万千，但实际上，在云的内部时刻不停地发生着各种变化，其中多以物理变化为主，我们把这个过程叫作云的微物理过程。

---

① 云滴或降水粒子通过（一触即冻的）过冷水滴与冻结粒子（冰晶或雪花）的碰撞和合并并增大的过程。

降水是云的动力学过程与微物理过程相互作用的产物，动力学过程起到输送和集中水汽的作用，而这些水汽形成降水就要靠微物理过程了。

我们已经知道，云中的水以水汽、云滴、雨滴、冰晶、雪、霰、冻滴、冰雹等形式存在，它们之间是可以相互转化的。下面我们就来看看，云中的这些微小的物体到底有什么样的秘密。

气溶胶

气溶胶是由固体的或者液体的微粒悬浮物共同组成的一个多相态的体系。这些悬浮物有尘埃、烟粒、微生物、植物的孢子和花粉，还有由水和冰组成的云雾滴、冰晶和雨雪等粒子。气溶胶粒子的直径一般为 0.001～100 微米，它们能作为水滴和冰晶的凝结核、太阳辐射的吸收体和散射体，并参与各种化学循环，是大气的重要组成部分。气溶胶粒子的化学成分有无机物，也有有机物，有简单的，也有复杂的，范围非常广泛，一般分为五种：矿物质、海盐、煤烟、气体转换物或者水溶性物质、火山灰。

气溶胶粒子的来源比较复杂，但主要还是来自地面。就自然来源讲，有海水中的盐、大气粒子的转化、风沙和扬尘、森林大火中的烟粒、火山的喷发、陨星的余烬、植物的孢子和花粉等，宇宙的尘埃也是一个来源。就人类活动来源讲，有气体粒子的转化、工业生产过程中排向大气的排放物、燃料的燃烧、固体废物的处理、交通运输、核弹的爆炸等。

气溶胶粒子并不是永远悬浮在空中的，它会随着雨水降落到地面，或者因为重力或者黏附等方式最终降落到地面。

气溶胶粒子在人工影响天气过程中扮演着一个非常重要的角色，人们就是根据它的很多特性来进行人工影响天气作业的。

云滴的形成和增长

云滴的形成

云滴形成需要一个核，这个核一般可分为凝结核、凝华核[1]、冻结核[2]三类。云滴的凝结核可分成两类：一类是亲水性物质的大粒子，它不溶于水，但能吸附水汽，在其表面形成一层水膜，相当于一个较大的纯水滴。另一类是含有可溶性盐的气溶胶粒子，它能够吸收水汽而成为盐溶液滴，也叫吸湿性核。水汽可以在凝结核上聚集成为液态的水滴，也可以在凝华核上聚集成为冰晶，过冷水滴与冻结核接触则会冻结。我们把凝华核和冻结核称作为冰核，因为它们可以产生冰相粒子。在核上形成云滴、冰晶的过程，我们称其为核化过程。

云滴的凝结增长

凝结增长过程是指云滴依靠水汽分子在其表面上凝聚而增长的过程。

在云的形成和发展阶段，由于云体继续上升，绝热冷却，或云外不断有水汽输入云中，使云内空气中的水汽压大于云滴的饱和水汽压，因此云滴能够由水汽凝结而增长。但是，一旦云滴表面产生凝结，水汽从空气中析出，空气湿度减小，云滴周围便不能维持过饱和状态，而使凝结停止。所以，一般情况下，云滴的凝结增长有一定的限度。而要使这种凝结增长不断地进行，还必须要有水汽的扩散转移过程，云层内部要么冷、暖云滴[3]共存，要么大、小云滴共存，满足任意一种条件，都能使水汽从一种云滴扩散、转移至另一种云滴。

云滴的碰并增长

在云体内部，云滴并不是静止不动的，而是做着湍流运动，在这些没有规则

---

[1] 凝华核是指使水汽在其上直接凝华为冰晶的微粒。

[2] 冻结核是指使过冷却水在其上发生冻结的微粒。

[3] 温度低于0 ℃的云滴为冷云滴，温度高于0 ℃的云滴为暖云滴。

的运动过程中，云滴和云滴之间会发生碰撞，甚至合并，我们将这种增长方式叫湍流碰并，这是一种小范围的运动方式。

在垂直方向上，由于云内的云滴大小不一，相应地具有不同的运动速度。不同速度的云滴相互碰撞而黏附在一起，成为较大的云滴。云滴增大以后，它的横截面积变大，在下降过程中又可合并更多的小云滴。这种在重力场中由于云滴速度不同而产生的碰并现象，称为重力碰并（图 2–1）。

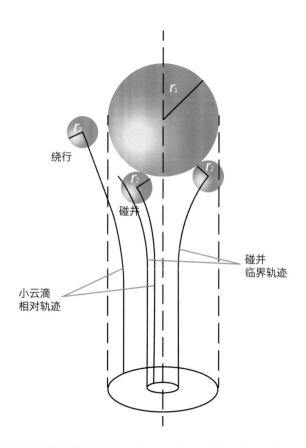

图 2–1　云中雨滴重力碰并增长示意图（图中 r_1 为大云滴半径，r_2 为小云滴半径）

湍流碰并和重力碰并都是云滴的碰并增长，是云滴增长的很重要的方式。

雨滴的破碎

当云滴在云中通过凝结或者碰并增长并且直径达到 100 微米以上时，我们就认为它是雨滴，但是雨滴形成之后，并不可能马上落到地面，而是经过了很多变化。

半径大于 3 毫米的雨滴，在下降过程中由于空气阻力作用会严重变形，有时会破裂成若干个小雨滴。在大小雨滴相互碰并的过程中，有时也会分离出一些较小的雨滴，这些情况统称为雨滴的破碎过程。破碎之后的小雨滴由于重力减小，在上升气流的作用下，就可能再次上升。小雨滴在云中反复经历了上升、增长、下落和再破碎的过程之后，在一定条件下就能迅速形成大量的雨滴。

冰晶的形成和增长

冰晶的形成

在没有杂质（冰核）的过冷水滴中，冰相的生成（水由气态或液态转化为固态）是由水分子自发聚集而向冰状结构转化的过程。聚集在一起的水分子簇，由于分子热运动起伏（脉动）的结果，不断形成和消失。分子簇出现的概率随温度的降低而增大。当分子簇的大小超过某临界值时，就能继续增大而形成初始冰晶胚胎。

直径为几微米的纯净水滴，只有在温度低于 –40 ℃时才会自发冻结，但当过冷水中存在杂质（冰核）时，在杂质表面力场的作用下，分子簇更容易形成冰晶胚胎。自然云中冰晶的生成，主要依赖于杂质（冰核）的存在。在 –20 ℃时，每升空气中约有一个冰核，仅为同体积中云凝结核浓度的几十万分之一。因此云中冰晶的浓度，一般远远小于水滴的浓度。在有充足冰核的情况下，当云内温度达到 0 ℃时，云中的水滴基本都会形成冰晶。

冰晶的增长

在有冰晶和过冷却水滴共存的云中，由于冰面的饱和水汽压比过冷却水面的饱和水汽压小，当空气中的实有水汽压介于两者之间，就会发生冰和水之间的水汽转移。在这种情况下，实有水汽压比水滴的饱和水汽压小，对水滴来说是未饱和的，水滴就会蒸发。但实有水汽压比冰晶的过饱和水汽压大，对于冰晶来说是过饱和的，冰晶上就会出现凝华现象。于是，水滴蒸发的水汽就不断凝华到冰晶上，水滴因不断蒸发而减小，冰晶因不断凝华而增大，这种由于冰水共存引起冰水间的水汽转移的作用称为冰晶效应（图 2-2）。冰晶效应的程度，与水面上和冰面上的饱和水汽压的差值有关，差值越大，冰晶效应越显著。这种效应是混合云（云中水滴和冰晶同时存在）形成降水的重要作用之一。

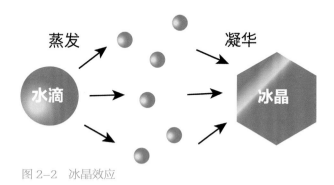

图 2-2　冰晶效应

冰晶的凝华增长达到一定的大小后，它的降落速度就会比小水滴还要大，就会与其降落路径上的小水滴发生碰并，进一步增长。

降水粒子的形成和增长

我们把能够降落到地面上的雨滴、雪、霰和冰雹等统称为降水粒子。降水粒子的形成和增长是一个非常复杂的过程，这个过程既受动力、热力作用的影响，也取决于云内的温度、湿度以及气溶胶粒子等物质的影响。降水粒子的增长有凝结增长、碰并增长等方式。当上升气流最终无法抵挡住降水粒子的重力时，就会落至地面形成降水。

其实，水汽、水滴和冰晶在云中并不是一个独立存在的状态，它们之间是很容易相互转化的。过冷水滴一方面蒸发，水汽向冰晶转移，使冰晶长大；一方面又和冰晶碰撞而冻结，使冰晶进一步长大。如果参与碰撞而冻结的过冷水滴很多，冰晶就会转化为球状的霰粒。冰晶还可能在运动中相互黏连成雪团而下降。这些固体降水粒子在落到地面之前未融化，就是雪、霰等固体降水，但是当它们落到温度高于 0 ℃的云的暖区时，就会融化成雨滴。

云滴可以通过凝结或者碰并增长形成雨滴，而雪、霰、小冰雹也有可能落入云的暖区后形成雨滴，冰晶和雪也有可能通过撞冻过冷水滴增长形成霰，霰和冻滴经过一定程度的增长最终有可能形成冰雹……这些过程都比较复杂，影响这些过程的因素也比较多。

对于云和降水粒子形成、增长和转化的规律的认识，主要是从理论研究和可控条件下的实验中得到的。实际上，自然云的环境和相应的微物理过程十分复杂，加上观测方面的困难，对它们的认识还很粗浅。因此，云和降水微物理学的发展方向，主要是探测和研究以自然云为宏观背景的粒子群体的演变规律。

通过以上的云微物理知识的介绍，我们基本上了解了这个庞大群体的一些演变规律。

层状云的降水机制

层状云的结构

层状云系的范围比较大，在水平方向上，经常会有 1 000 多千米的尺度，而云系的形成又多与天气系统[1]有关，所以多呈团状、带状、涡旋状等。

不均匀结构 在早期，人们通常认为层状云的结构是比较均匀的，这是和对流云相对比得出的一个结论，但实际情况并不完全是这样的。经过雷达的监测发现，在云体内部的 0 ℃层偏下方的地带存在一个雷达的强回波区，从雷达图上看，就是一个亮带，我们就把它称为雷达亮带。这个亮带是怎么形成的呢？在云中的 0 ℃层以上的部分，由于气温比较低，这里的水的存在相态就多是固态，如冰晶、雪、霰等；而在 0 ℃层以下的部分，就多是液态的水，甚至是气态的水；恰好是

---

[1] 天气系统通常指能够引起天气变化和分布的具有典型特征的大气运动系统。

在 0 ℃层附近的这些水，状态就显得有点"暧昧"，甚至可能是冰水混合物。冰粒子在融化的那一刻开始，外面就会慢慢地包裹上一层水膜，水滴的反射率要比同样体积的冰粒子大好几倍，最终就出现了一个雷达亮带，而且这个亮带本身也是不均匀的。

分层结构 经过大量的研究和科技攻关，气象学家们发现，层状云系有明显的分层结构，而且是由不同的云组成的：下层是锋下云系，也就是比较低的层云；中层是干层，能够促使雨滴或者云滴蒸发；上层是锋上云系，多是高层云。这样一来，我们就可以根据层状云系的分层结构、云状组合方式、上下云层之间的温度配置来播"种"，这个"种"就是催化剂。利用催化剂，就能够促成降水，这也就为人工增雨提供了很好的理论基础，所以，这种垂直的分层结构也被称为"催化—供给"云结构。

微物理结构 经过探测和数值模拟，层状云在垂直方向上的微物理结构也是分层的。云系的高层，由于温度比较低，多是冰相粒子，在这个区域，随着高度的降低，冰相粒子的尺度增大。在 0 ℃层高度以上，还存在过冷水滴，也存在着从高空因为体积增大而降落下来的冰相粒子。掉落到这个区域的冰相粒子，会和过冷水滴发生撞冻增长，这个区域也是冰相粒子快速增长的区域。而在云的暖区，冰相粒子则会融化，成为雨滴或者云滴，也存在一些没有融化的雪或者霰。

层状云降水过程

按照对层状云微观结构的分析，层状云分为冰相层、冰水混合层和液态水层三个层次，冰相层属于催化云，而冰水混合层和液态水层则属于供给云，这也就是我们所提到的层状云的"催化—供给"模式。

在层状云的冰相层中，有冰晶和雪，凝华是它们的主要增长方式，其次是雪和冰晶的聚并增长。冰晶或雪增长之后就会在重力的作用下下降，当雪或者雪的聚合体落入冰水混合层之后，可以继续通过凝华增长或者碰并等方式增长，也可以通过碰冻过冷云水发生撞冻增长，部分冰晶通过撞冻增长也可以转化成霰。由于重力的增加，增长之后的冰相粒子就会继续下降，到达液态水层，雪、雪的聚合体，霰开始融化，同时收集云内暖区的其他云水粒子增长，最终成为雨滴。

经过模拟层状云的微物理结构，冰晶的极大值出现在 8 千米的高度，雪的极大值出现在 4.8 千米的高度，霰的极大值出现在 3.6 千米的高度，雨滴则在云内 0 ℃ 层以下的云区中。由此，我们得知，冰晶和雪是在云内 0 ℃ 层以上的冷区。这样一来，我们可以对云中各种水相粒子做一个更详细的划分，冰晶在最高层，往下是雪，再往下是霰，最低的则是雨滴。

一般说来，在"催化—供给"云中，催化云（冰相层）对降水的贡献低于 30%，而供给云（冰水混合层和液态水层）对降水的贡献在 70% 以上。因此，"催化—供给"云结构有利于云水转化成降水，只有冰相层、冰水混合层和液态水层相互"配合"，才能形成有效的降水。

层状云降水形成要素

通过前面的了解，我们知道，在层状云中，尽管冰相层对降水的贡献并不是最大的，但它却是引起层状云降水最重要的一层。层状云降水的种子相当于在这一层播下，最后形成降水。冰相层中的冰晶和雪的浓度、大小对降水的形成起着非常重要的作用。如果冰晶的尺度比较小，下降的末速度也就比较小，只有冰晶达到一定的尺度，它才能够在冰水的混合层进行凝华增长或者撞冻增长，最终落到暖云区形成雨滴。这么说来，冰相层冰晶的大小和数量就都与层状云的降水有关。

影响冰相层冰晶大小和数量的要素是我们很重要的研究对象，而主要要素即为冰面过饱和的云水资源，过冷水含量、冰晶浓度、云暖区中的云水含量、云水的厚度都可被看作云水资源。

人工增雨就是要增加层状云中冰相层的冰晶浓度，通过播撒催化剂的方式，让这一层的冰晶、雪的数量增加，个体增大，最终通过冰水混合层的凝华增长或者撞冻增长，在暖区形成更多的雨滴，降落到地面，达到增雨的目的。

对流云的降水机制

对流云发展过程

对流云的发展过程分为三个阶段：发展、稳定成熟、消散。按照对流云单体强雷达回波中心高度的变化，我们又可以将对流云单体的发展过程分为三类。

上升型 刚开始，雷达初始回波出现的高度比较低，随着单体的发展和加强，回波中心的高度不断上升，回波中心达到较高的高度后，能够维持几分钟。对流云在发展阶段，其顶部雷达反射率的梯度也比较大，强回波中心在云体的中上部。

相对稳定型 这时候，强回波中心基本上和初始回波的高度相同，回波强中心在相当长的一段时间内维持在约5千米的高度，这个高度也被称为对流云强回波中心的平衡高度，维持的时间称为平衡时间。在这个阶段，积状云是相对稳定的，而且以强回波中心的平衡高度为中心，均匀地向上和向下发展，使对流单体不断地增大、增高。

下降型 雷达强回波中心开始下降，维持的时间很短，最终云体消散。

这样的研究，为我们进行对流云的人工增雨提供了很好的科学依据。当积状云发展到相对稳定时，开展增雨作业，效果是最好的。如果把对流云比作苹果，上升型的对流云就是一个青苹果，尽管能吃，但是养分还不充足，而下降型的对流云就相当于一个烂苹果，很多养分都已经散失了。相对稳定型的对流云就相当于是一个刚好成熟、养分最多、水分最足的苹果，这个时候去采摘苹果是最理想的，我们在这个时候开展人工增雨作业，自然就能够收获更多的甘霖。这个时机的把握要靠雷达，有了雷达的强回波中心的高度，基本上就能够判定时机是否成熟。

对流云降水特征

这里，我们有必要将对流云的特性梳理一下。前面我们说过，对流云也叫积

淡积云

状云，主要有淡积云、浓积云和积雨云。

先来谈谈淡积云。淡积云的云体很薄，个体比较小，云内的含水量不多，而且云中的水滴都很小，多为云滴，雨滴很少，这样的云基本上不产生降水。

淡积云经过一段时间的发展成为浓积云的时候，个头大了，云也变厚了，云中水的含量也增加了。那么，它会不会产生降水呢？这需要分情况来看待，如果浓积云在中高纬度地区，一般很少降水。但如果它在低纬度地区，则很有可能下雨。怎么下个雨还要这么麻烦，还要看"出身"吗？当然要看。低纬度的浓积云个头也许和中高纬度一样，但是它里面的含水量却要高得多，不光有充足的水汽，而且还有强烈的对流，水滴也比较大，水滴之间经过碰并增长，就可以形成较大的雨滴，这都是产生降水的必要因素，因此，它在低纬度降水的可能性比较大，有时候还会下一阵比较大的强阵雨。生活在海南等低纬度地区的人，对这一点感受最深，只要出现厚厚的云，就有可能下雨。

积雨云

当浓积云进一步发展，成为积雨云的时候，整个情形就会发生很大的变化。这时候的对流云不光体积庞大，高度也比较高。由于高度升高，对流云的内部结构也发生了很大的变化，它不光有气态的水、云滴和雨滴等液态的水，里面还会有冰晶、霰、冻滴，甚至冰雹等冰相粒子，是一个冰水共存的云块，云滴的凝华增长、碰并增长等微物理现象也就会在云体内部强烈地发生。对流云不仅含水量比较高，而且垂直方向上的气流也很活跃，甚至很猛烈。积雨云能够产生比较大的阵性降水，也可能降下冰雹。当然，除了降水，还会伴有大风、闪电等天气现象。

对流云的降水是阵性降水，这是对流云的另一大特征，也就是说降水来得快，走得也快，持续的时间相对比较短。这其中的原因也比较简单。对流云是孤立的，在某一地由于某种扰动产生，起初的时候上升气流占据优势；但当云体发展到相对比较稳定的形态后，上升气流和下沉气流势均力敌，这个时候，云内的降水粒子快速增长，体积不断增大；最终，下沉气流占据上风，上升气流变弱，

云中的降水粒子就"哗啦啦"快速地降落到地面上，降得差不多了，云里面的主角就都不在了，云体也就慢慢地减小，甚至消散了。

一般情况下，我们看到的对流云降水降下的雨点比较大，甚至会有很大的冰雹，这和层状云所降的那种细细密密的毛毛雨或连阴雨是有很大区别的。这缘于对流云中强盛的上升气流，这种气流能够托住大个儿的降水粒子，让它们长得更大一些，而不是急着落下来。

总体来说，对流云水平尺度小，垂直厚度大，云中上升气流强，云中含水量高，降水强度大，属于阵性降水，这就是对流云及其降水的特点。

暖云和冷云降水机制

首先，我们先来了解一下什么是暖云和冷云。由温度高于 0 ℃的水滴组成的云叫作暖云，暖云内只有水汽、云滴或雨滴等气态和液态的水。在上升气流的顶托下，这些云滴和雨滴不会掉落下来，而是飘浮在空中形成云体。当对流发展到一定阶段，云体上升到 0 ℃层以上的高度后，云中就有了过冷水滴、霰粒和冰晶等，这种由不同相态的水汽凝结物组成且温度低于 0 ℃的云，就叫冷云。

对流云是暖性云还是冷性云，主要取决于云中的温度。云顶温度高于 0 ℃时，这块云由水滴组成，是暖云。云顶温度低于 0 ℃，情况就稍微有点复杂：云体内温度高于 0 ℃的部分，由水滴组成；–15 ～ 0 ℃，大多由过冷水滴组成；在 –30 ～ –15 ℃，多由过冷水滴、霰粒、冰晶、雪混合组成；低于 –40 ℃时，多由冰晶组成。云体的上部为冷云，下部为暖云。

这样一来，对流云的降水机制，我们就得分开来说了。

暖云降水机制　在暖云当中，缺少了冰相粒子和降水粒子，也就少了凝华增长，更没有冻结增长，只有凝结增长和碰并增长。

上升气流将凝结核带到高空，到了一定的高度，当水汽接近饱和状态或者达到饱和状态的时候，水汽在凝结核上凝结，生成了云滴的胚胎。

云滴胚胎继续上升，到了新的高度，便凝结成云滴。这个时候，由于云滴的质量增大，上升的速度也减慢了。

当云滴增大到 10 微米时，就开始了重力碰并增长，增长的速度加快，甚至可以超过凝结增长。

经过多次的碰并增长，云滴的直径不断变大，超过 30 微米之后，它就能够进一步俘获更小的云滴，当云滴长到 100 微米以上时，就是雨滴了。

这个时候，雨滴会继续长大，当它长到直径 3 毫米以上时，由于直径过大，雨滴在下降的过程中严重变形、破碎，然后又长大、下落、破碎、再上升、再长大……循环往复，对流云中就会形成大量的雨滴，最终形成降水。

冷云降水机制　当对流云发展到一定的高度，在它的上部就会出现温度低于 0 ℃的冷云。冷云中有冰相粒子，还有过冷水滴，也有水汽。冰相粒子主要是冰晶、雪和霰，过冷水滴主要是云滴和雨滴。这种结构的对流云，它又是如何产生降水的呢？

在冷云区内，经过冰晶效应，冰晶会"夺取"这个区域内的水滴，使自己长大，变成大冰晶。在上升气流和重力两种对抗力的作用下，冰晶忽上忽下，通过碰并、黏连、结凇[①]等过程，便会在比较短的时间里长成直径大于 200 微米的大

---

① 过冷水滴被冰晶捕获并冻结在冰晶上的过程叫结凇。

冰晶，也叫雪晶。雪晶通过凝华或者撞冻过冷水滴，形成霰、冰雹、雪，然后从冷云的云底落下，形成降水。如果云底以下大气温度比较高，冰态降水物就会融化为雨滴；如果云底以下大气温度比较低，冰态的降水物就能直接降落到地面。

上面是针对纯冷云来说的，在很多时候，对流云的上部是冷云，而下部是暖云，那么在冷云内形成的霰、冰雹、雪落到暖云区域，也会融化成为雨滴，最终以雨滴的方式降落到地面。

回过头来再看一下对流云降水的整个过程，冷云的上部是为降水提供降水粒子胚胎的，而下部则是为了这个胚胎不断长大而提供水分的，上层是"播种层"，而下层则是"培育层"，因此，这种降水的形成过程也被称作"播种—培育"机制。

另外需要说明的是，对流云的降水粒子中，有其他云也有的雨滴、雪、冰相粒子，也有它独有的冰雹和霰。这里我们需要特别强调的是，只有对流云才能降下冰雹和霰，层状云、地形云是不会有这样的降水粒子的。关于冰雹，在后面人工防雹的章节里，我们再详细介绍。

积层混合云的降水机制

积层混合云的结构特征

就积层混合云（以下简称积层云）来说，它有几种情况：一是层状云内"隐藏"着对流云，这个时候，层状云比较厚，整个云系的层状特征比较明显，对流相对较弱；二是对流云相对较强，顶部甚至伸展到了 0 ℃层以上的区域，而层状云则显得很弱，整个云系体现出了对流云的特征；三是对流云和层状云都比较弱，云体中没有明显的层状云的亮带，其特征介于层状云和对流云之间；四是层状云比较深厚，对流云的水平尺度也比较大。这样看来，积层云的构成就比较复杂，在其形成的过程中，对流云和层状云之间甚至会相互影响和相互作用。

研究发现，积层云中，特别是比较大的积层云，降水分布不均匀，雨区中有可能存在多个强降水中心。云系中微物理量在水平和垂直方向上分布都不均匀，垂直方向上，积状云中的液态水含量大大高于层状云。

在积层云中，多数情况下是层状云中嵌入中等强度的对流系统，这种系统被称为混合型中尺度系统。

积层云一般降水特征

由于多数情况下积层云是在层状云中嵌入了对流云，那么它的降水就会是混合了层状云和对流云降水特征的混合型。一般来讲，积层云降水范围比较大，持续时间比较长。在某些时段，降水是均匀的、连续的，降水强度比较小；但是在某些时段，降水却是阵性的，而且强度比较大。也就是说，积层云降水在某些时候体现出层状云的降水特征，在某些时候又体现出对流云的降水特征。

在谈到积层云降水的时候，我们要特别提及一种天气现象，那就是暴雨。虽说不是所有的积层云都能够产生暴雨，但研究表明，绝大多数的暴雨，特别是特大暴雨都是由积层云引起的。

如果是单纯的积状云，就算它的个体很大，它的生命周期也比较短。积状云的降水尽管很强，但在比较短的时间内就能够结束，不至于造成过大的影响。

如果是单纯的层状云，水平范围比较大，降水时间比较长，累积的降水量比较大，但它的降水过程需要一个较长的时间，降水也能够被土壤、地下水、河流、湖泊等吸收或者排解掉。

如果水平范围很大的层状云和垂直范围很大的对流云结合在了一起，"强强联手"，情况就会发生很大的变化。层状云低层的辐合给对流云提供了大量的水汽，为对流云的发展提供了很好的条件，使得它能够发展更旺盛，含水量更高。而对流云在垂直方向上的发展，又会使这些从低层收集到的水汽大量地转化成降水粒子，最终降落到地面，这样一来，对流云的降水不光强度更大，而且降水的时间也更长。所以，往往是积层云更容易形成暴雨，甚至是特大暴雨。

地形云的降水机制

地形对降水的影响

地形对降水的影响十分显著和复杂，但从形成的原因来看，地形对降水影响的方式，归纳起来大致为四类，即地形强迫抬升和地形强迫辐合，山脉影响天气系统移动和发展，山脉热力作用造成地形性云雨，山脉作为气流的冷凝器和雾栅造成水平降水。

地形强迫抬升和地形强迫辐合　由于山坡的存在，使得气流在经过山坡时，被迫沿着山坡抬升，形成降水（图2-3）。气流越垂直于山脉，翻越山坡的气流速度越快；山坡坡度越大，则地形增加降水的作用就越明显。一些海拔较低的山脉并不能使气流抬升到凝结高度而形成地形降水。气流和山脉交角越小，地形影

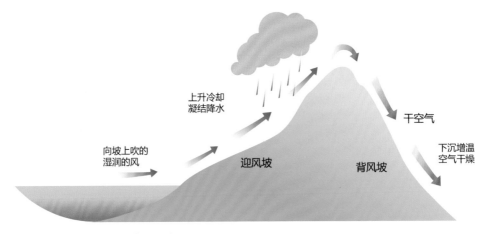

上升冷却
凝结降水

向坡上吹的
湿润的风

迎风坡

干空气

背风坡

下沉增温
空气干燥

图 2-3　地形强迫抬升降水示意图

响就越弱，当风向和山脉走向平行时，气流就不再抬升。如英国面临大西洋潮湿西风气流的西部地区地形降水极为丰富，但苏格兰的西北部和英格兰的东南部因为山脉和盛行西风接近平行，所以地形对降水影响并不十分明显。除了在迎风坡地形强迫抬升以外，还有地形强迫辐合的情况。如喇叭口地形，当空气流入时，由于两侧高山的阻塞，气流收缩，水平辐合增强，产生强迫抬升，增加降水。

山脉影响天气系统移动和发展　山脉的存在会影响天气系统和锋面的移动速度，导致降水天气系统和锋面移速减慢甚至停滞不动，从而延长降水的时间并增加降水量。地形影响降水的明显与否和降水的天气系统也有关，一般来说，在大范围气流爬升，阴雨天气持续较久的天气形势下，降水量与地形高度和坡向的分布有关，地形影响非常明显。在连续性降水的天气下，如果风速为 0 或接近于 0，则地形影响并不明显，这是因为缺乏系统性的地形抬升。

山脉热力作用造成地形性云雨　白天山坡上气温比坡前自由大气中同高度的气温高，热力作用会造成沿坡上升的气流如谷风、上坡风等，有利于在山区形成云、雨、冰雹等，因此山区上部云、雨、冰雹等比山麓要多。不同尺度地形对降水的影响是不同的。比较小的山体，因为它的地形抬升比较小，对降水几乎没有影响。比较大的山体主要影响本山区范围及其紧邻的平原区域降水的时空变化。特别巨大的高原山区则还可能影响到远离高原本体的平原地区，可以改变或形成当地新的雨季和雨区，而且其影响也已经不局限于降水，同时也可使整个地区的气候发生改变。

山脉作为气流的冷凝器和雾栅造成水平降水 由于冬季或夜间山顶相对大气而言是比较冷的，所以它能够冷却载有水汽的潮湿大气。当山顶温度低于流经山顶空气的露点时，气流中水汽即可在山坡地面和植物上发生凝结或凝华。已经成形的云雾移过山区时，雾滴等水凝结物更是大量持续地累积于岩石和植物之上，事实上是增加了当地降水量。在挪威、冰岛的冰川和冰冻的地面上，来自海面的潮湿气流与它们接触会因水汽冷却而产生白霜（与雾凇不同），这就明显地增加了这些寒冷纬度山区的有效降水量。

以上四类地形影响降水的方式常常不是单独发生的，而是在共同起作用的。如第一类地形影响是基础，并可能与其他三类同时出现或对其他三类产生促进作用。第四类地形作用形成的降水中，地形性被迫抬升显然也起了降低气温、促进凝结或者凝华的作用。

地形云的降水

地形不仅以海拔高度、坡向等因素影响降水，而且还通过对天气系统的移动、局地性天气系统的发生、发展和消亡来影响局地降水，出现异常的地形降水分布。研究人员通过对圆锥形山体、长条形山体、丘陵山区和高原四种地形下降水量的分布分析得出，地形对降水的影响可分为超前降水区、迎风坡上多雨区、背风坡上减雨区和背风坡山麓平原上的雨影区[1]等几个区域。

迎风坡上多雨区对降水的影响为正效应，而背风坡下部的减雨区和山后平原上的雨影区则为负效应。整个山区对当地降水量的总贡献是正是负，取决于两者抵消后的结果。在湿润地区，山脉总贡献为正；反之，在干燥地区则为负。因此，对于整个大陆尺度而言，在全年盛行风向不变的纬度带里，大陆的迎风侧存在高原或高大山脉时将使大陆的平均降水量减少，干燥度增加，因为地形所增加的雨量多降落在海面上，或流入海中；而大陆背风侧海岸有山脉存在时则将增加大陆的平均降水量，提高湿润程度。

---

① 雨影区是指山脉的背风面降雨量较少的地区。

三、人工增雨（雪）

为何要进行人工增雨

为什么要开展人工增雨作业呢？人工增雨主要有两个作用，一是缓解干旱，二是扑灭森林火灾。

干旱

干旱通常是指淡水总量少，不足以满足人的生存和经济发展需要的一种灾害性天气。干旱并不是一天两天的事情，而是一个长期的现象，当自然界缺水达到一定的程度后，我们才将其称为干旱。干旱从古至今都是人类面临的主要自然灾害，即使在科学技术如此发达的今天，它造成的灾难性后果仍然比比皆是。尤其值得注意的是，随着经济发展和人口膨胀，水资源短缺现象日趋严重，干旱化趋势已成为全球关注的问题。

刚开始出现干旱时，人们并不觉得有多么可怕：因为水库有水，还可以灌溉农田；因为地下有水，还可以供人饮用。但是，当出现持续的干旱时，事情就没这么简单了，水库干了，河流干了，地下水也很难寻觅的时候，就非常可怕了。这个时候，人们就盼望着能够下一场雨，而且尽可能的大，这时，人工增雨就显得非常重要了。

森林火灾

森林火灾是指失去人为控制，在林地内自由蔓延和扩展，对森林、森林生态系统和人类带来一定危害和损失的林火行为。森林火灾是一种突发性强、破坏性大、处置救助较为困难的自然灾害。

这里说的森林火灾不是一般的林火。对于小范围的林火，及时组织一定的人力，是能够扑灭的。但是一些大的森林火灾火势猛、面积大，导致道路不通，灭火设备无法抵达现场，人力是很难将其扑灭的。这个时候，人们就希望来一场大雨，彻底将大火扑灭。

森林火灾

大气监测

    人工增雨作业在大气中实施，因此，我们要对大气进行有效的监测，对于一些特殊的天气系统还要及时跟踪，密切关注其变化，并不断发出预报和预警。我们要根据监测的结果，把握有利时机，开展增雨作业，达到预期效果。

气象卫星

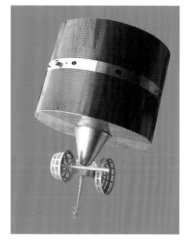

气象卫星

    气象卫星是从太空对地球及大气层进行气象观测的人造地球卫星。气象卫星载有各种气象遥感仪器，接收和测量地球及大气层的可见光、红外光和微波辐射，并将其转换成电信号传送给地面站。地面站将卫星传来的电信号复原，绘制成各种云层、地表和海面图片，再经进一步处理和计算，得出各种气象资料。

卫星云图是由气象卫星自上而下观测到的地球上的云层覆盖和地表面特征的图像。利用卫星云图可以识别不同的天气系统，确定它们的位置，估计其强度和发展趋势。

卫星云图在天气预报上用得比较多，在对冰雹的监测方面也能够发挥作用。根据云顶的最低温度、云团的扩展速度，可以判断是否会出现冰雹、龙卷等恶劣天气。冰雹云的云团在卫星云图上的色调特别明亮，呈块状，云体的范围不是太大，云团的发展速度比较快，发展强度也比较大，云的前端呈弧状排列，这些都是我们判断冰雹云的参考依据。

卫星云图

气象雷达

气象雷达是探测气象要素、天气现象等的雷达的总称。

由气象雷达发射、经大气及其悬浮物散射而返回被雷达天线所接收的电磁波叫作气象雷达回波。气象雷达回波不仅可以确定探测目标的空间位置、形状、尺度、移动和发展变化等宏观特性，还可以根据回波信号确定目标物的各种物理特性，例如云中含水量、降水强度、风向风速、垂直气流速度、大气湍流、

气象雷达

降水粒子谱、云和降水粒子相态以及闪电等。这样，我们就可以比较清楚地了解到云内的一些基本要素及其变化。

气象雷达对于冰雹云的监测非常有效，冰雹云的特殊回波形态、特殊运动特征、相应的回波参量等都是我们判断冰雹云的依据。

微波辐射仪

我们已经了解，雷达能够主动发射电磁波，形成雷达回波，我们以此来判定云内的气象参数，而微波辐射仪则是一种被动接收大气中的微波波段电磁辐射能量的大气遥感仪器。微波辐射仪几乎可以在任何天气下得到实时的温度、水汽和液态水的垂直分布。再加上地面气象传感器测量的气

微波辐射仪

温、湿度、气压等气象参数，我们就会得到一个截面的大气温度、湿度、气压等气象参数。

一般情况下，我们将波长为1～1 000毫米的电磁波称为微波。大气对微波具有选择吸收的特性。根据基尔霍夫定律，大气在某个波段有强烈的吸收，必然在该波段有强烈的辐射。如此说来，大气本身也能够放射微波辐射。我们就是利用了大气的这个特性，才能通过微波辐射仪测出大气中的一些气象参数。

微波辐射仪能够监测大气中的总水汽含量，还能监测云中液态水的连续变化，可用于降水云系的降水预测、云中降水结构的认识、人工增雨作业催化时机和催化部位的选择等。

机载监测

相对于那些固定在地上的监测设备，利用飞机携带气象仪器，对大气进行监测，就显得更加主动，也更加立体，这些仪器甚至还能够"跑"到云中去，在云内采集气象数据，是一种很不错的大气监测手段。

探测飞机上携带的仪器，主要有探测大气温度、湿度、水汽密度、水平及垂直气流等基本气象要素的气象探测仪器，可以测量气溶胶粒子、冰核、云核、云粒子谱、云粒子相态和形态的云含水量仪、结冰仪等云物理探测仪器，探测大气光学、电学特性的专门仪器或传感器，探测气溶胶粒子和云水化学成分的大气成分探测仪器，多通道微波辐射计、毫米波测云雷达、激光雷达、测雨雷达等机载遥感仪器，机载下投式探空系统，机载数据处理和传输的计算机系统，机载催化作业系统，等等。

飞机升空一次耗费的成本比较高，所以，要尽可能采集多而全的数据，甚至可以边探测边进行人工影响天气作业。作业可以影响此次的天气，而探测到的数据为气象学家进行深入研究提供了珍贵而全面的资料。

这里不妨稍微展开一下，看看一些气象要素是怎样测量的。

粒子测量　在大气当中，有很多很小的云粒子，测量出这些粒子的散射光强，就可以获知云滴的大小和浓度。利用光的特性还可以取得云粒子的二维投影图像。这种方法可以测定云粒子和降水粒子的大小、浓度和二维图像。这样的粒子探头有很多，它们可以对云粒子、降水粒子、气溶胶粒子等云中的微小粒子进行测量。

含水量　云中的液态水含量和过冷水的分布情况是非常重要、也是非常基础的物理量。利用云粒子测量仪和机载热线含水量仪就可获得。这些仪器具有连续取样、自动记录、测量精度高等优点。

温度　云中的温度也是我们非常关注的气象要素，水平和垂直方向上的温度分布特征和演变规律，反映了大气的性质与层结状态。飞机上的温度测量器件能为我们提供飞机在飞行过程中探测到的气温的实际分布。

湿度　利用露（霜）点仪、赖曼—阿尔法湿度计、湿敏电阻、湿敏电容等办法，可以测得大气的湿度。

除了以上的可测到的气象要素，利用专门的仪器，还可以对冰核、云凝结核等进行有效地测量。

这些资料能够很快地传输到地面的人工影响天气指挥中心，当时就能够发挥很好的作用。作业结束后，又可以作为研究的基础数据为气象学家所使用。

GPS监测

GPS是英文"Global Positioning System"的简称，即全球定位系统。GPS系统提供的数据按位移精度可以分为四类：米级精度、分米级精度、厘米级精度、毫米级精度。不同的精度有不同的用途，一般我们使用的车辆导航，就是米级精度服务，而测绘则使用的是分米级精度。气象上使用的，则是毫米级精度，这是由大气中水滴的大小决定的。

气象学上利用GPS技术来遥感地球大气，以测定大气温度及水汽含量，监测气候变化等，包括地基GPS/MET和空基GPS/MET。

地基 GPS 气象探测

地基 GPS 气象探测就是将 GPS 接收机安放在地面上，与常规的 GPS 测量一样，通过地面布设 GPS 接收机网络，来探测一个地区的气象要素。

空基 GPS 气象探测就是利用安装在低轨卫星上的 GPS 接收机来接收 GPS 信号。当 GPS 信号与低轨卫星上 GPS 接收联线经过地球上空对流层时，GPS 信号会发生折射。通过对含有折射信息的数据进行处理，就可以计算出大气折射量，从而估计出研究所需要的气象数据，而且还可以测量到测站四周不同方向水汽的含量，研究水汽场的非均匀分布特征。

GPS/MET 探测系统能够长期稳定地提供相对高精度和高垂直分辨率的温度廓线，尤其是在对流层顶和平流层下部区域，从 GPS/MET 数据计算得到的大气折射率是大气温度、湿度和气压的函数。GPS/MET 观测数据有可能以足够的时空分辨率来提供全球电离层映像，这将有助于电离层 / 热层系统中许多重要的动力过程及其与地气过程关系的研究。

雨滴谱仪

雨滴谱是指单位体积内各种大小雨滴的数量随其直径的分布。雨滴浓度是指单位体积内包含的雨滴个数。雨滴浓度通常随尺度增大呈指数递减，雨滴小则浓度大，雨滴大则浓度小。

雨滴谱的特征参量有谱宽（最大半径和最小半径的间隔）、浓度峰值和峰值半径等。实测得到的雨滴资料常用列表法和图示法表示。据实测，对流云降水一般雨谱较宽、常有双峰或多峰，层状云降水的雨谱较窄。

激光雨滴谱仪

下面介绍下两种比较常用的雨滴谱仪：

激光雨滴谱仪　利用一个能够发射水平光束的激光传感器，当降水粒子穿过水平光束时以其相应的直径遮挡部分光束，因而产生输出电压，通过电压的大小可以确定降水粒子的直径大小，降水粒子的下降速度是根据电子信号持续的时间推导出来的。

撞击式雨滴谱仪　雨滴撞击到传感器上，会产生一种垂直的冲力，根据这个力，可以测量雨滴的大小。

通过雨滴谱仪的测量，我们就可以获知雨、雨夹雪、冰雹、雪等各种降水的类型，雨滴谱仪也能够测定雾、能见度等。

其他监测

随着科技的发展，大气探测的设备、手段和技术也得到了很大的发展，除了以上的监测手段，对于其他的监测手段及设备，我们也做一些了解。

常规天气监测　在我们国家，从开始开展气象工作以来，就在全国各地设置了很多的气象观测站点，观测云、能见度、温度、湿度、气压、风向、风速等各类气象要素，这些观测站叫作地面气象观测站。还有一些观测站，在 07：15 和 19：15 向空中施放探空气球，观测高空的温、湿、压、风等气象要素。这些观测数据通过通信系统传输到北京，供全国各个气象部门业务人员和科研人员使用。

最近几年，国家加大了自动气象站建设的投入，自动化程度高，数据传输也非常及时，丰富了大气监测的基础数据。

云凝结核仪　云凝结核，又称凝结核，是使水汽凝结为液态时，作为凝结核心的颗粒，是反映云滴的大小、数量、浓度的很重要的粒子。仪器模拟了一个很小的云室，云室内壁保持湿润，采样粒子进入后被限定

探空气球

在云室垂直中心线区域，在设定的过饱和度下活化增长，然后进入光学粒子计数器，通过粒子的侧向散射计算得到云凝结核的个数和大小。

冰核计数器　我们前面已经了解过冰核，这个数据对我们来说也非常重要。样本空气进入扩散云室中，在两个具有不同温度的柱面之间的环形空间通过，冰晶在冰核上活化，在出口处通过光电检测系统进行计数。

激光测云仪　激光器对准云底发射脉冲光束，接收来自云滴对激光产生的后向散射光。根据从发射激光脉冲到接收到回波信号的时间和激光束的仰角，算出云底高度。如果激光光束穿透云层后能量尚未衰减殆尽，再遇到第二层甚至第三层云时，仍可测到云滴的后向散射光信号，从而测得云的层次和厚度。

风廓线仪　采用微波遥感技术，应用多普勒原理对大气进行探测，反演出大气风场垂直结构和辐散、辐合等信息，这种仪器叫作风廓线仪。风廓线仪增加无线电声学探测系统后与微波辐射仪或 GPS/MET 水汽监测系统配合可实现对大气中风、温、湿等要素的连续遥感探测，是新一代的高空大气探测系统。

风廓线仪

人工增雨的原理

通过对云的微物理过程、云的降水机制等知识的学习，我们已经知道，要进行人工增雨，实际上就是在云中播撒催化剂，使得云中含有更多的降水粒子，并最终形成降水。现在，我们就来深入了解这其中的奥秘吧。

冷云催化

冷云是指温度低于 0 ℃的云。冷云的催化分为两种方式：冷云的静力催化和

冷云的动力催化。冷云的静力催化重点在相态的变化上，而冷云的动力催化重点则在热力的变化上。在实际的人工增雨活动中，对冷云实施静力催化还是动力催化，则要根据实际情况灵活操作。

冷云的静力催化

冷云中无冰晶时，它是相当稳定的。要想让这样的冷云产生降水，就要对云内的这种稳定的物态结构进行破坏，由于云内缺乏冰晶，我们就要人为地引进一定数量的冷云催化剂，如干冰、碘化银，使云中产生足够数量的冰晶。有了人工制造的冰晶，云内就会产生冰晶效应，促使水滴蒸发，冰晶增长。当冰晶长大到一定的个头后，由于重力大于浮力，冰晶就会降落，在降落的过程中，再经重力碰并进一步长大，最后形成较大的降水粒子。这就是冷云的静力催化。

试验研究表明，静力催化对过冷性层状云、地形云、积层混合云、大陆性积云等云系有很好的效果。

冷云的动力催化

在一些积状云的内部，有一个这样的区域，这个区域中的过冷却水含量很大，整个区域的温度也比较低，而且具有一定的上升气流。在这样的区域，如果迅速而且大量地播撒碘化银等人工冰核，就会产生巨量冰晶。水变成冰，就会释放潜热，使这个区域的温度升高，从而使云内上升气流加强，云的发展速度加快，水分积累加大，这样可使原来不产生降水的积云产生降水，使本来可能有降水的积云增加降水量。这就是冷云的动力催化。

动力催化对积状云更为适合。我们可别小看了积状云的降水，据统计，地球上四分之三的雨水来自积状云降水。热带、副热带干旱地区的降水也主要来自于积状云。另外，产生暴雨的云系、产生冰雹的冰雹云及破坏力极大的龙卷云系都属于积状云系，因此，对它的催化影响不仅在于增雨，还可能在消雹、减小暴雨方面获得效益。

暖云催化

对于暖云的催化，我们需要采取和冷云催化完全不同的方式。这是因为暖云的整个云体温度高于 0 ℃，也就是说云体内基本上是液态或气态的水，缺少了冰相的粒子。

在暖云当中，都是一些很小的云滴或者雨滴，这些小的雨滴如果降落在地面上，就是我们所见到的毛毛雨。这样的毛毛雨，除非是层状云产生的长时间的降雨，否则一般情况下，毛毛雨产生的降水量是很有限的。要增加降水量，我们就要让很小的雨滴变大，也就是要让云层中直径比较小的雨滴变成直径比较大的雨滴。有一种办法能够让小的雨滴变成大的雨滴，这就是雨滴的冲并增长。

实际上，暖云中的水汽还是比较充沛的，但是因为缺乏凝聚，导致雨滴很小，无法降落到地面形成有效降水。要产生较好的冲并增长，就要让雨滴变大，使得更多的小雨滴碰并成大雨滴。这个时候，我们向云内播撒盐或者尿素等吸湿性物质，就能够促进小雨滴形成较大的雨滴，从而加速冲并增长，使得更多的云滴或雨滴在冲并的过程中变成能够降落到地面的大雨滴，产生有效降水。

试验结果表明，1 克食盐能够形成几千万个雨滴的胚胎，在暖云催化中的效果非常好。

地形云人工催化

地形云降水一般采用静力催化的方式进行，要根据云内的云滴温度、云滴尺度、云滴浓度、冰晶浓度等情况综合进行考量，找到进行人工催化增雨的最佳条件。

关于地形云的增雨原理，可参照静力催化原理。在地形云的增雨中，很多国家都投入了大量的试验，目的是找到最佳的作业方法达到最佳增雨效果。

人工增雨的催化剂

催化剂是能提高化学反应速率，而本身结构不发生永久性改变的物质。我们所说的人工增雨的催化剂实际上不是在催化一种化学反应，而是借用了这个概念。人工增雨的催化剂能够促进云中的某些物质加速向另外一种形态转化，这种转化是相态上的改变。也就是说，向云中播撒适当的催化剂，施加间接影响，能够促使云中更多的水分变成雨滴或雪降落到地面。

人工增雨使用的催化剂通常分为三类：第一类是人工冰核，也就是可产生大量凝结核或凝华核的碘化银等成核剂；第二类是致冷剂，它可以使云中的水分转化为大量冰晶，如干冰；第三类是吸湿剂，它可以吸附云中水分变成较大水滴，如食盐。

人工冰核

通过人为活动增加的、可以起到冰核作用的物质，就是人工冰核。经过多次的外场人工增雨试验，气象学家发现，碘化银是一种最为有效的人工冰核。

碘化银为亮黄色无臭微晶形粉末，固体或液体的碘化银均具有感光特性。实验表明，人工冰核晶体的晶格参数越接近于冰，其原子排列与冰的错位越小，与冰的界面应力也越小，冰晶在其上附生增长时越容易。这充分说明了碘化银为什么常被作为首选催化剂，因为它的晶格参数已非常接近于冰，它们就像一对孪生兄弟，而别的物质就没有这样的优势，于是碘化银就成为最广泛使用、

碘化银

干冰

最有成效的人工冰核。

目前，国内外人工增雨和防雹中普遍使用的是碘化银复合核人工冰核，这种冰核能够大大提高碘化银的成冰效率。

致冷剂

人工增雨所使用的致冷剂一般有干冰、液氮、液态二氧化碳、液态丙烷等。

干冰 固态的二氧化碳，二相点温度为 −56.6 ℃，压强为 5.28 标准大气压，汽化温度为 −78.5 ℃，因此，在空气中，液态二氧化碳不可能存在。在 20 ℃和 58 标准大气压下，把二氧化碳冷凝成无色的液体，再使其迅速蒸发，二氧化碳便凝结成一块块紧实的冰雪状固体物质。固态二氧化碳在常压下气化时可使周围温度降低，并且不会产生液体，所以叫干冰。放在空气中的干冰能迅速吸收大量的热使周围的温度快速降低，使水蒸气液化成小水滴，从而达到降雨的目的。

液氮 氮气在低温下形成的液体形态。在标准大气压下，氮气的沸点为 −196 ℃，低于这个温度，氮气就变成没有颜色的液体。采用加压的方法，也可以在相对比较高的温度下得到液氮。在过冷雾中播撒液氮，会产生大量冰晶，经过冰水转化，消雾效果很好。液氮播撒到空气中，对空气不会造成污染，也被誉为"绿色催化剂"。

液态二氧化碳 对气态二氧化碳进行降温、加压即可制得。液态二氧化碳无毒、无污染、无燃烧性，价格低廉，储存方便。因为它可以密闭保存，在通用的耐高压钢瓶内就可以储存，因此，相对于干冰，损耗比较小。只要温度低于 0 ℃，液态二氧化碳产生的冰晶量基本是一个常数，所以在播撒作业中明显优于异质冰核，使用液态二氧化碳不需要随着温度变化调节播撒率。

液态丙烷　通常为气态，但一般经过压缩可成为液态，方便运输。汽化潜热高于干冰，成核率比较高，但这种物质比较容易燃烧，不宜在高空播撒。液态丙烷主要用来开展地形云的增雨催化以及机场消雾。

吸湿剂

氯化钠

我们在前面已经了解，暖云催化多使用吸湿剂，一般使用的吸湿剂有氯化钠、氯化钙、硝酸铵以及尿素。

氯化钠　食盐的主要成分，外观为无色透明的晶体，每个晶胞含有 4 个钠离子和 4 个氯离子。使用时，为了防止食盐结块，可与滑石粉以 10：1 的比例混合。食盐来源比较丰富，也很廉价，但有一定的腐蚀性，采用飞机播撒时，会对承装的金属设备产生腐蚀。

氯化钙

氯化钙　立方结构的晶体，呈白色或灰白色，有粒状、蜂窝块状、圆球状、不规则颗粒状和粉末状。吸湿性极强，暴露于空气中极易潮解。易溶于水，同时放出大量的热。氯化钙对金属也有一定的腐蚀性。

硝酸铵

硝酸铵　无色无臭的透明结晶或呈白色的小颗粒，有潮解性，易结块。可以加入 1% 的硫酸铵和碳酸氢二铵的混合物，能够有效防止其结块。

尿素　外观是白色晶体或粉末。工业上以液氮和二氧化碳为原料，在高温高压条件下直接合成尿素，是一种有机化合物。

尿素

人工增雨的装备

人工增雨所使用的装备有高炮、火箭、飞机和地面燃烧炉。

高炮

高炮为高射机关炮的简称，是针对飞机或飞行器等空中目标实施打击的一种军用装备。面对现代化的战争，这种武器稍显落后，但是当它"转业"到气象部门之后，却发挥着保障农牧业生产的重要作用。

气象部门目前使用比较多的是 37 高炮。之所以称其为 37 高炮，是因为其口径为 37 毫米。37 高炮最早是从苏联引进到我国的，1955 年，我国自行生产出这种单管高炮，由于它是 1955 年定型的，所以也叫 55 式 37 高炮。此后，经过研制和改进，我国又于 1965 年和 1974 年生产出两种双管式 37 高炮。气象部门从 20 世纪 60 年代开始使用 55 式单管 37 高炮，从 80 年代开始使用 65 式双管 37 高炮。

双管高炮

高炮的特点

这里以常用的 65 式双管 37 高炮举例说明。65 式双管 37 高炮的口径为 37 毫米，炮身全长 2 739 毫米，身管长 2 315 毫米，行军状态全重 2 650 千克，战斗状态全重 2 550 千克。主要特点有：射速大、火力猛，能自动连续装填和发射；操作灵活简便，能及时捕捉射击目标；机动性能好，便于流动作业。

高炮的构造

高炮主要由炮身、炮闩、装填机、炮车等几大部分组成，详细构造及各部分的作用见表 3-1。

表 3-1 高炮的基本构造

构造	组成	作用
炮身	由身管、防火帽、炮尾组成	利用火药燃烧时产生巨大的气体压力推动弹丸前进，使弹丸获得一定的初速度、旋速和飞行方向
炮闩	由开关闩装置、击发装置、抽筒装置组成	严密闭锁炮膛，打击底火，抽出药筒
装填机	由压弹机、输弹机、拨动机、发射机组成	用于压弹和输弹，保证高炮连续有节奏地射击
反后座装置	由驻退机和复进机组成	耗散和储存火炮射击时的后座能量，并使炮身复位
摇架	由机箱、颈筒、后座标尺、后壁、退壳筒组成	用于安装炮身、炮闩、装填机、反后座装置和瞄准具等部件
高低机		用于高炮在高低射界内起落和瞄准
平衡机		用于使高炮起落部分在炮耳轴上保持平衡，并使高低机转动轻便、平稳
方向机		用于使高炮在方向界内转动和瞄准
托架	由上托架和下托架组成	用来安装除炮车以外的部件
炮车		行驶时运载高炮，射击时是高炮的基础

炮弹

在人工增雨过程中需要炮弹。利用高炮将炮弹发射到高空的云层中，产生爆炸，以爆炸和爆震产生的冲击波将催化剂播撒到云中，使催化剂产生大量冰核，通过催化作用达到增雨的目的。

炮弹主要有 83 型、92 型和 99 型。99 型经过改良后，射程更高，催化剂利用率也更高。

炮弹由弹丸、药筒、底火、发射装药、引信、底排装置等元件组成。炮弹的引信功能非常重要，它能够确定最佳起爆位置而选择作用时间，并且向弹丸输出能量以完全引爆弹丸。

高炮将炮弹打入五六千米的高空，爆炸产生的 3 000 ℃高温能将碘化银分解成无数的碘离子和银离子，气温稍冷一点，碘离子和银离子又结合在一起，形成碘化银微粒。在 $-16 \sim -6$ ℃的云层中，1 克碘化银可形成数万亿颗碘化银微粒。

火箭

利用火箭进行人工防雹开始于 20 世纪 50 年代，我国则是从 20 世纪 80 年代开始使用这个作业系统的。火箭作业具有携带催化剂剂量大、播撒路径长、成核率高、发射高度高、便于操作、可以进行流动作业等优点，因此，这一作业方式在全国得以迅速推广和应用。

火箭作业系统主要是由火箭发射架、火箭发射控制器、火箭弹组成的。

火箭发射架

火箭发射架由定向器、升降结构、回转结构、底座等组成，能够使火箭弹按照一定的发射角和发射方向进行发射，保证火箭按照预定的方向稳定飞行。火箭发射架详细的构造、类型、作用见表 3-2。

表 3-2　火箭发射架的构造

构造	类型	作用
定向器	导航式定向器	发射时赋予火箭弹正确的飞行方向，以保证发射的准确性
	笼式定向器	
	封闭式定向器	
	管式定向器	
	多功能组合式定向器	
升降结构	锥型齿轮丝杠式升降结构	用于发射架的高低瞄准，平衡定向器产生的重力力矩
	涡轮涡杆齿弧式升降结构	
	液压式升降结构	
	平衡机紧锁式升降结构	
回转结构	齿轮式回转结构	用于发射架的方向瞄准
	回转盘式回转结构	
底座	固定式底座	用于承托发射架，作业时是发射架稳定的基础
	伸缩式底座	
	拖车式底座	
	舰船式底座	

```
    2
  ───┬───
 1  │ 3
```

1. 火箭发射架
2. 升降结构
3. 底座

火箭发射控制器

火箭发射控制器是检测作业系统的点火线路、提供火箭点火能量的仪器，它主要由电源电路、检测电路、发射电路三部分组成。火箭发射控制器能够正确识别当前通道外线路是否通断，检测外线路的电阻，为火箭发射提供点火冲能，保证火箭点火的安全。火箭发射控制器详细构造、构成及作用见表3-3。

表3-3　火箭发射器的构造

构造	构成	作用
电源电路	电源指示	确保整机正常工作
	申源	
	外电源	
	充电器	
检测电路	稳压源	检测外线路通断，显示装弹后电阻
	通道检测按钮	
	显示电路	
发射电路	升压电路	为火箭弹发射提供12伏或45伏以上的点火电压
	电压指示	
	通道发射按钮	

火箭弹

增雨防雹火箭弹（以下简称火箭弹）是能够被发射到云中、并播撒催化剂的一种民用火箭弹。火箭弹主要由发动机、播撒舱、伞舱（自毁装置）、尾翼四部分组成。

发动机可以利用推进剂的反向喷射获得推力，将弹头送向预定的位置。一般分为固体和液体两种，防雹中使用的一般是固体火箭发动机，它由燃烧室、固体推进剂药柱、喷管、点火装置等部分组成。

播撒舱由壳体、挡板、喷嘴、焰剂药块、延时点火器等组成。当火箭飞行到了一定的高度，延时点火器开始点火，焰剂药块开始燃烧，并将碘化银等催化剂分散成小颗粒，播撒到云层中。

伞舱是保证火箭安全着陆的装置。该装置分为两种：一种是降落伞安全着陆装置。作业完成后，在下降的过程中装置内会弹出降落伞，单体就能够平稳安全地降落到地面。另一种是自炸安全着陆装置。通过自炸，可以使火箭弹的残骸全部自毁，形成较小的非金属碎片，这样的碎片降落到地面就没什么危害了。

尾翼是一种稳定装置，它保证了火箭弹在飞行过程中的稳定性。

飞机

火箭弹

在诸多的人工增雨装备中，飞机无疑是必不可少的一个装备。它的重要性表现在四个方面：一是飞机可以直接将催化剂播撒在云内预定的区域，准确率更高；二是飞机的机动性强，哪里需要就可以飞往哪里作业；三是不像高炮或火箭在某个点爆炸后播撒，浓度不均匀，飞机的播撒比较均匀，这无疑提高了催化剂的产雨效率；四是飞机作业的面积非常大，因此，影响范围也就比较大，增雨的效果就会更好。基于飞机的诸多优势，随着经济的发展，使用飞机开展人工增雨作业越来越受到人们的青睐。

人工增雨飞机

20 世纪 50 年代，我国首次使用飞机开展人工增雨试验。20 世纪 80 年代前，使用过运-5、里-2、伊尔-12、伊尔-14、C-46、杜-2 等型号的飞机，这些飞机中有军用的，也有民用的。80 年代后，使用过轰-5、安-24、安-26、运-12、运-7、运-8、夏延-ⅢA 等型号的飞机，甚至还使用过歼-6、歼-7 进行增雨试验。目前，全国有 20 多个省（区、市）开展飞机人工增雨作业，每年出动飞机 300～400 架次，飞行时间达 600～700 小时。遇到大旱的年份，出动的飞机超过 500 架次，飞行时间则超过 1 000 小时。

前面已经介绍过，飞机上既装载观测设备，也装载作业装置。根据作业装置的工作原理主要可分为成冰剂作业装置、致冷剂作业装置、吸湿性巨核作业装置三种。成冰剂作业装置包括碘化银末端燃烧器（包括发射架、点火器、焰条）、碘化银焰弹发射器（包括发射架、发射器、焰弹）、碘化银发生器、液态二氧化碳播撒器等。致冷剂作业装置分为液氮播撒器和干冰播撒器。吸湿性巨核作业装置主要有盐粉播撒器、水泥播撒器、尿素播撒器等。

在飞机上，除了观测装置和催化作业装置，还配有空地通信设备，主要有甚高频通信设备和北斗卫星通信设备。

飞机增雨作业一般针对低云族中的雨层云和层积云以及中云族中的高层云，这些云系能够产生大面积持续降水，对缓解旱情具有非常积极的意义。

地面燃烧炉

说完飞机，我们再说一说另外一种增雨装备——地面燃烧炉。地面燃烧炉作业就是在地面上燃烧催化剂，使其上升到空中的云体内，达到增雨的目的。目前我们国家使用的地面燃烧炉有四种：QH-1A 型地面碘化银丙酮溶液燃烟发生器、

地面燃烧炉

RYG-1 型人工增雨碘化银发生器、ZY-2 型遥控地面焰条播撒系统、DL 系列烟炉。按照催化剂的不同，地面燃烧炉的燃烧过程中，一种是燃烧碘化银丙酮溶液，另一种则是燃烧碘化银焰条。

我们先来说一说碘化银丙酮溶液燃烟发生器。其装置主要包括储液罐、空气压缩机、供液供气管路、过滤器、雾化器、脉冲高压点火器、燃烧室和防风装置等。储液罐通过过滤器连通到雾化器进液口，将溶液以雾状的形式喷洒到燃烧室，通过控制燃烧条件，可以使燃烧温度达到 1 000 ℃以上，燃烧物在大气中冷却后形成符合要求的碘化银成冰气溶胶粒子。

碘化银焰条的燃烧是一种固体的燃烧。每支焰条 500 克，装入碘化银 7.5 克，燃烧的时间大概为 5 分钟，当然，一个地面燃烧炉中会装入很多根焰条。通过相应的点火装置，使得焰条燃烧，并将碘化银播撒到大气当中。

这里大家会有一个疑问，地面燃烧炉是在地面，怎么会对天空中的云产生作用呢？怎样将催化剂播撒到云中去呢？地面燃烧炉一般用于地形云的催化，炉体就安装在迎风坡，条件具备时，通过燃烧，将催化剂播撒到空中后，由风和上升气流将催化剂带到高空的云体当中，就能达到增雨的目的。

对地面燃烧炉还可以进行自动化的控制，事先将燃烧炉安装好，就可以等待增雨的时机了。时机成熟时，只需要在电脑上操作一些软件，就可以让地面燃烧炉燃烧，并向空中陆续播撒催化剂。

因为是针对地形云的降水，这就要求我们对当地的地形及该地形能够形成的云体、产生的降水等特征和规律有一定的了解和研究。把这些问题弄清楚了，才能够做到有的放矢，达到最好的效果。

人工增雨作业

人工增雨作业是一项比较系统的工作，要保障增雨作业顺利进行，需要很多部门和工作人员的配合，需要具备相应的作业条件，储备一定的作业物资和装备，而且要做好前期的各项准备工作。

人工增雨作业

目前，人工增雨主要分为两大类别：一是进行人工增雨试验，二是为防灾减灾开展的业务工作。人工增雨的关键是云，因此，我们需要对这个作业对象有充分的认识。对云的识别、对天气系统发展变化的预测、对作业地点的选择、对作业时机的把握、对作业部位的准确判断等都是我们在作业前必须完成的工作。

增雨计划

凡事都要有计划，人工增雨也一样，计划的设计和制定在很大程度上能够保障增雨作业顺利进行。一份完整的增雨计划应该包括以下内容：

（1）制定此份计划的目的，也就是实施人工增雨的需求。是为了抗击干旱，还是为了扑灭森林火灾；是为了草场的保护，还是为了水库蓄水。目的明确，就能有的放矢。

（2）计划作业的目标区域。有些地方需要雨，但有些地方却因为雨多甚至成灾，在缺水的地方实施增雨，才能够发挥增雨的作用，这就要求我们将增雨划定在某一个区域内，并且控制在一定的区域内。

（3）作业的时间。作业的时间不太好确定，因为这个时间不是我们说了算，要根据云和天气系统的情况来确定，但要大致划出一个时间段，在这个时间段内，只要时机成熟，就可以开展作业。这一点，还需要大气监测和天气预报部门的配合。

（4）催化方式。根据云的性质来确定我们采取哪种催化方式、使用哪种催化剂，而且要确定播撒量、播撒的速度、播撒方位等。

（5）仪器装备。包括卫星、雷达等监测设备和飞机、火箭、高炮、地面燃烧炉等作业装备。

（6）作业对象。作业对象即所作业的云。

（7）开展作业。按照具体监测到的情况和对增雨的需求开始实施人工增雨作业。

（8）作业终止。在第一轮作业之后，确定是否进行第二轮甚至第三轮的作业，或者直接终止作业，这要根据接下来的作业是不是有意义和价值来判定。

（9）作业效果评价。利用相应的方法对此次作业的效果进行评价。

（10）作业计划的管理。总结经验，对以后的作业提出有价值的指导性意见。对要实施的计划进行科学控制，对实现增雨作业的方法进行优化。

（11）其他问题。在增雨计划中涉及的经济、社会、安全和环境等问题，也应该在计划中有所体现和说明，确保计划的完整性。

前期准备

增雨作业之前，要完成以下各项准备工作：

（1）所有参与人工增雨的设备、物资和人员必须到位。对作业的装备进行安全和性能检查，确保全部合格。

（2）完成与军民航空部门的作业空域、时限的协调，建立可靠的联络手段，制定具体的作业方案。

（3）人工增雨作业所需要的资金要提前到位。

（4）参与增雨的各单位明确知晓作业方案，切实履行各自的职责。

（5）增雨作业的负责人和专家需到作业现场检查和指导。

作业方法

作业时机

在整个作业过程中，时机的把握显得尤其重要，如何来进行判定呢？气象学家也进行了长期、大量的研究。

对于积状云的增雨，当云量大于 3 成，云距高炮作业点的距离在 5 千米以内，云顶的高度大于 4 千米，云底的高度小于 1 千米，云的回波强度最大值大于或等于 30 dBz 时，就可以开展人工增雨作业。

根据雷达的回波可以对积状云进行监测，对其内部的上升气流做出判断。在上升气流比较强的阶段，借助较强的上升气流可以把催化剂微粒带到云层的中上部，提高人工冰核的转化率，达到较好的催化效果。

在积状云下雨之前进行增雨，效果会更加理想，这就是宜早不宜迟的原则。

如果雷达回波显示积状云以下沉气流为主，说明云体开始衰退，增雨作业就没有太大意义。云体超出事先设定的区域，实施增雨也没有意义。在这两种情况下，都应该终止增雨作业。

相对而言，层状云因为范围大，移动缓慢，作业的机会比较多。可以根据各地不同的降水需求，在层状云途经目标区域上空的前部和中部，开展增雨作业。尽可能选择云系发展比较旺盛的时间段，过早或者过晚，效果都不会太好。

作业部位

增雨作业的部位选择很重要，力求准确，最好能够将催化剂直接发送到适宜的引入冰晶核的部位，如果在云底或者云内较低的部位进行催化，冰核粒子会以冻结的方式核化，大大降低成核率。

积状云的垂直发展比较旺盛，云顶的高度较高，云层较厚，要想把催化剂送达云层当中的最佳部位，光靠炮弹还不够，还要依靠云体内部的上升气流。也就是说，把催化剂播撒在上升气流比较旺盛的区域，再依托云内强烈的上升气流，将催化剂进一步带到云层更高的中上部，使催化剂能够更有效地转换成为人工冰核，提高增雨的效率。

层状云内的上升气流比较弱，催化就应该选择比较高的部位，使冰晶在形成之后，能够充分利用云层较厚的性质，继续长大，最后成为降水粒子。

在前面的云物理知识中，我们已经知道，冰核最好能够播撒在云体内的过冷水区，这个地方的温度比较低，含水量比较大，冰核又比较少，可谓增雨的要害部位。

催化剂的剂量

作业过程中，催化剂剂量的把握也很重要。剂量太少，效果不够理想；剂量太多，势必会造成浪费。

按照人工增雨的作业经验和理论估算，降水性层状云中的冰核浓度为 $1 \sim 10$ 个/升，而层状云中的催化剂在 1 小时内的扩散截面为 7 千米^2。进行数值模拟可以得出，人工冰核的浓度应该在 $20 \sim 100$ 个/升比较适宜。

这里需要说明的是，在第一轮作业之后，需分析雷达回波等资料，如果还有作业的价值，则可以进行第二轮作业，使作业效果达到最佳。

人工增雨的效果评价

在对空中的云开展增雨作业时，云内的很多参数都会发生变化，比如云的厚度，云的体积，上升气流的速度，雷达回波参数，云内的温度廓线，云中冰晶的浓度、数量、大小，等等。这是人工增雨的直接效果，又称物理效果。通过增雨作业，降水是不是增加了？增加了多少？投入产出比是多少？这反映的是人工增雨的间接效果，又称最终效果。

人工增雨效果评价就是对最终效果进行检验。评价分两个方面，首先要告诉大家人工增雨有没有效果，然后要告诉大家人工增雨的效果有多好。

效果到底有多好是一个难点，难在哪里呢？首先，自然降水的时空变化大，我们还不能做出明确的定量预报，只能用微量降雨、小雨、中雨、大雨、暴雨、大暴雨、特大暴雨这样的量级性的指标来做预报。这一方面是因为天气变化受到影响的因素很多，变化非常快，另一方面是我们的探测和预报水平还没有那么高。其次，我们对于云降水的物理机制和发展变化的物理过程还缺乏全面、系统、深入的了解。另外，人工增雨是通过人工的方法向云内播撒催化剂，人为影响的环节和强度都受到诸多的限制。所以，客观、定量地去评价增雨效果就显得非常困难。

在长期的实践和研究中，科学家们总结出了统计检验、物理检验、数值模拟检验以及综合检验等方法来对增雨效果进行检验。

统计检验

统计检验分为随机化检验和非随机化检验。

随机化统计检验就是根据随机原理，随机、公平地抽样，然后制定方案，实施人工增雨作业，最后检验增雨效果。为了确保公平，即使是在适合作业的情况下，也要采取随机方法确定是否进行作业。把作业和不作业的两种结果进行比较，就可以检验出人工增雨的效果。举个例子，假如遇到 100 次可以实施人工增雨的作业机会，但我们只随机地选出其中 50 次进行作业，然后对比这作业过的 50 次和没作业的 50 次之间降水的差别。但这个方法有两个比较麻烦的问题：一是进行试验统计的周期比较长，必须取得足够的样本，才能得出一个相对客观的结论。二是为了试验，我们就要放弃 50% 的增雨作业机会，这并不利于防灾减灾。因此，这种检验方法具有很大的局限性。

非随机化统计检验就是对一次增雨过程进行统计检验，通常分为序列试验、区域对比试验、区域历史回归、区域控制模拟试验等。理论上讲，这种方法很简单，用总降水量减去自然降水量就是增雨产生的降水量，但实际上却很难，因为很难将自然降水和人工降水区分开来。

序列试验就是找到一个自然雨量估计值，这个值是作业区内的历史平均值。但这个自然降水量是估计出来的，是我们假定作业区内自然雨量在历史上是一个平稳的随机序列。但实际上，自然降水量并不平稳，有些年份多，有些年份少，这样一来，这个假定就不成立了。所以，用这种方法对增雨效果进行评价也不够科学。

区域对比试验是找两个区域，在一个区域不作业，我们可以得到自然降水量，在另一个区域作业，我们可以得到总降水量，从而得出人工增雨产生的降水量。但这里面也有问题：一是所选择两块区域的云物理情况无法达到完全一样，云中的很多因素都会影响到降水；二是两个区域的下垫面，也就是地形，也无法达到完全一致，而地形也会对降水产生一定的影响。

区域历史回归试验也是选择两个区域，一个是自然降水，另一个实施增雨作業，把对比区的自然雨量作为控制变量，统计推断作业区的自然雨量。这里也有一个假定，就是选定的两个区域的相关关系和历史上同类天气条件下的雨量区域的相关性相同。这个方法结合了序列试验和区域对比试验两种方法，并利用统计学方法来进行检验。不过，这个方法也有局限性，因为历史上相似天气的选择不好把握，有一定的主观性。

也有学者提出了一种区域控制模拟试验的方法，将历史资料中与作业期降水特征不相似的资料剔除掉，不过这种方法也存在一定的主观性。

虽然统计学方法有很多缺陷，但它却是比较简单的方法，在不断改进的基础上，也是可以作为一种评价方法使用的。

物理检验

在云中，水是以不同形态、形状存在的，同时，云中也发生着很多微物理过程，于是，我们就可以通过监测获得很多的物理参数。作业前和作业后，这些物理参数是会发生变化的。物理检验就是将作业后的物理参数作为增雨效果检验的统计量，推断出未作业情况下的物理参数，通过比较得出增雨效果。这种方法与统计检验方法相似，所不同的是用物理参数作为降水统计量，因而也可称为物理效应的统计检验。

物理检验的具体内容包括宏观特征变化和微观特征变化两方面的观测分析。在宏观的测量中，我们可以目测，也可以通过雷达、飞机等设备，获得作业前后云的上升速度、云体高度、云内的温度和湿度等数据资料。在微观测量中，可利用云滴谱取样仪、含水量取样仪、冰雪晶取样仪、颠簸仪、飞机积冰仪、盐核取样仪、冰核计数器、微波辐射计、气象雷达等探测仪器，获得云滴谱、云含水量、冰晶浓度等的空间分布和演变特征。获取这些数据后，我们就可以利用这些物理参数，对人工增雨效果进行评价了。1991 年 4 月 16 日，在河北省中南部对西风槽系统的层状云进行了一次催化试验，增雨前后都通过飞机装载的设备在相同的地方不同的高度进行了云物理特征的采集，最后绘制成曲线。就催化前后的云滴的平均直径而言，变化不大，基本都在 5 ～ 10 微米。但催化前后的云滴的浓度，却发生了极其巨大的变化，提高了 10 多倍。

数值模拟检验

数值模拟也叫计算机模拟，它是利用计算机，通过数值计算和图像显示的方法，达到对各类科学问题进行研究的目的。通俗地讲，就是把大量数据输入到计算机中，然后建立一个模型，让计算机通过数值运算，得出一个结论。比如，数值天气预报就是将探测到的大气数据资料输入到计算机中，通过计算，预报出未来的天气。

在作业之前，我们将在云系中探测到的各类数据输入到计算机中，通过建立模式，进行运算，就可以得到一个降雨量，这就是我们需要的自然降水量。然后，我们再根据实际测量的降水量，也就是总降水量，就能够很容易地得到增雨效果。

还有一种办法就是，我们将一个云系的物理量都输入到计算机中，模拟出一块云，然后对某些参数进行改变，也就是模拟催化作业，看看模拟增雨的效果如何。

数值模拟检验的方法，不仅在人工增雨评价中很有用，对于人工增雨作业方案的改进和完善也很有帮助。在作业之前，我们将相关数据输入计算机，进行一次模拟增雨，这样就可以确定在什么样的时机和部位作业效果最好，对增雨方案进行修订，指导实际的增雨作业。

数值模拟是一种较好的人工增雨评价方法，但它需要采集精确而庞大的数据，建立合理而科学的模型，这些都需要我们一步一步完善。

综合检验

把统计、物理、数值模拟三种检验方法进行归纳，就是人工增雨的综合检验方法。一些学者经过研究后，开发出一套软件系统，这个系统能够给出一个综合的增雨评价结果。

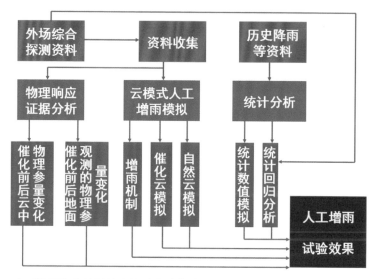

人工增雨作业效果综合检验方法集成框图

人工增雨案例

水库蓄水

　　1994—2004 年，湖南省 6 次开展水库人工增雨的蓄水工程。夏季到来时，因为干旱，湖南省内的五强溪水库、东江水库、拓溪水库、凤滩水库经常会出现蓄水不足的情况，电力公司的发电受到了很大的影响。

　　增雨作业所针对的主要是局地对流云、台风外围云系、高空低槽云系、低空切变线云系、东风波云系、副热带高压边缘云系 6 种。作业的时间为 1～2 个月，每次能够达到作业条件的天气过程为 4～5 次，6 次作业共布设的作业点为 59 个，作业期间实施人工增雨作业共计 346 次，发射炮弹 11 137 发，火箭弹 162 枚。

　　统计分析表明，增雨作业期间，库区增水总量 8.0125 亿米³，累计增加发电量 3 104 万千瓦时，直接增电量效益为 1 461.46 万元，投入与产出比 1 : 2.37 ～ 9.77。同时，增雨为水库周边的农业灌溉、抗旱、生态等，都带来了一定的效益。

协助扑灭森林火灾

1987 年 5 月，黑龙江大兴安岭发生特大森林火灾，国务院直接下达指令：开展人工增雨作业，协助扑灭森林火灾。5 月 14—25 日，18 个作业区域进行了 10 架次飞机人工降雨作业。

观测资料表明：人工增雨使影响区（火灾区）比周围对比区的雨量明显增大。火险等级的变化表明，经过增雨作业后，火场火险等级急速降低，林火基本熄灭。

该时段的增雨作业，增加了火场的降水量，降低了火险等级，在扑灭森林火灾中发挥了重要的作用，受到了国内外有关部门和专家、火区军民、扑火前线总指挥部、国务院的充分肯定。

人工增雪

雪和雨一样，都是来自云中，都是在一系列微物理过程之后，降落到地面的降水粒子，只是因为季节或者云的性质等原因，降落到地面的是雪花。因此，这里把人工增雪这一人工影响天气的方式放到了人工增雨的章节之中，并做简单介绍。

我们知道，云层中有一个过冷却层，里面的水温度很低，甚至能够低到 −40 ℃，这并不符合常理。之所以产生这样的现象，出现过冷却水，是因为云中缺少凝结核。利用这个原理，用人工的方式在这样的云层中播撒人工冰核——碘化银，使得云内的水很快凝结成冰晶，或者冻结成冻滴，经过进一步长大，在上升气流无法托住它的时候，便开始下降。冰晶或冻滴在下降的过程中继续增长，长成空气无法托住的雪花时，就会降落到地面，如果云体下部的云层或云底到地面之间的大气温度很高，雪花可能会融化成雨滴降落地面。这就是人工增雪的原理。

　　人工增雪的原理和人工增雨基本相同，但是却比人工增雨的成功率更大。人工增雨可以增加大约 20% 的雨量，而在高山高寒地区，人工增雪却能增加 30%～40% 的降水量。这是因为高山高寒地区温度低，水汽容易达到饱和状态，同时，雪晶比雨滴更容易形成。只要给大气增加一些凝结核，就可以促进降雪。

四、人工防雹

简单来说，人工防雹就是采用人为的办法对一个地区上空可能产生冰雹的云层施加影响，使云中的冰雹胚胎不能发展成冰雹，或者使小冰粒在变成大冰雹之前就降落到地面。

早在 20 世纪 60 年代中期，苏联就宣称，他们通过播云的方式成功抑制冰雹，使冰雹灾害的损失减少了 70%～90%。这个消息一传出来，就引起了大家的广泛关注。美国首先有了反应，于 1972 年夏季开始正式实施国家冰雹研究试验，但这次试验的效果并不好，结果显示，抑雹的效果只有 7%。尽管试验失败了，但这样的试验还是有积极意义的，它让人们对冰雹及冰雹云有了进一步的认识，也让人们找到了防雹的难点。随后，瑞士、法国、意大利也进行了抑雹的随机试验。

我国的防雹工作是从 20 世纪 70 年代开始的，气象工作者开展了冰雹云的雷达观测和 37 高炮的防雹作业等业务，提出了相应的物理概念，寻找到了相应的催化方法。

应当说，人工防雹是人工影响天气的一个非常重要的内容，接下来，我们就对人工防雹做一个比较系统的介绍。

冰雹

冰雹的基本知识

冰雹的定义

冰雹是一种固态降水物，由透明层和不透明层相间组成，春夏之交或夏季最为常见。直径一般为 5～50 毫米，大的可超过 10 厘米，冰雹的直径越大，破坏力就越大。冰雹的形状很多，有球状、锥状及其他不规则形状。

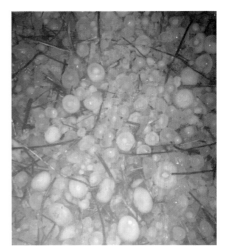

冰雹

冰雹的等级

根据冰雹的直径可将冰雹分为四个等级。用 D 表示冰雹直径，具体分级见表4-1。

表4-1 冰雹等级

等级	冰雹直径
小冰雹	$D < 5$ 毫米
中冰雹	5 毫米 $\leqslant D < 20$ 毫米
大冰雹	20 毫米 $\leqslant D < 50$ 毫米
特大冰雹	$D \geqslant 50$ 毫米

冰雹天气的特征

冰雹天气有以下几个特征：

局地性强。每次冰雹的影响范围一般宽几十米到数千米，长数百米到十几千米。

历时短。一次降雹时间一般只有 2～10 分钟，少数在 30 分钟以上。

受地形影响显著。地形越复杂，冰雹越容易发生。

年际变化大。在同一地区，有的年份连续发生多次，有的年份发生次数很少，甚至不发生。

发生区域广。从亚热带到温带的广大气候区内均可发生，但以温带地区居多。

冰雹活动的特性

冰雹活动具有三大特性，即明显的地区性、时间性和季节性。

地区性表现在：主要发生在中纬度大陆地区，通常北方多于南方，山区多于平原，内陆多于沿海。这种分布特征和大规模冷空气活动及地形有关。我国雹灾严重的区域有甘肃南部、陇东地区、阴山山脉一带、太行山区和川滇两省的西部地区。

时间性表现在：从每天出现的时间看，下午到傍晚最多，因为这段时间太阳对地面的辐射最集中，热量交换频繁，对流作用最强。

季节性表现在：冰雹大多出现在 4～10 月。在这段时期，暖空气活跃，冷空气频繁，冰雹容易产生。一般而言，我国的降雹多发生在春、夏、秋三季。

冰雹灾害的特点

冰雹灾害是由强对流天气系统引起的一种剧烈的气象灾害，它出现的范围虽然较小，时间也比较短促，但来势猛、强度大，并常常伴随着狂风、强降水、急剧降温等阵发性天气过程。我国是冰雹灾害频繁发生的国家，冰雹每年都给农业、建筑、通信、电力、交通以及人民生命财产带来巨大损失。据有关资料统计，我国每年因冰雹所造成的经济损失达几亿甚至几十亿元。冰雹灾害主要有以下特点：

冰雹灾害波及范围广。虽然冰雹灾害是一个小尺度的灾害事件，但是我国大部分地区都可能遭受冰雹灾害，几乎所有的省份都或多或少地有冰雹成灾的记录，受灾的县数接近全国县数的一半，这充分说明了冰雹灾害的分布相当广泛。

冰雹灾害分布的离散性强。大多数降雹落点为个别县、区甚至乡镇。

冰雹灾害分布的局地性明显。冰雹灾害多发生在某些特定的地段，特别是青藏高原以东的山前地段和农业区域，这与冰雹灾害形成的条件密切相关。

被冰雹砸烂的农作物

中国冰雹灾害的总体分布格局是中东部多，西部少，空间分布呈现一区、二带、七中心的格局。一区指包括我国长江以北、燕山一线以南、青藏高原以东的地区，是中国雹灾的多发区；二带指中国第一级阶梯①外缘雹灾多发带（特别是以东地区）和第二级阶梯东缘及以东地区雹灾多发带，是中国多雹灾带；七中心指散布在两个多雹带中的若干雹灾多发中心，即东北高值区、华北高值区、鄂豫高值区、南岭高值区、川东鄂西湘西高值区、甘青东高值区、喀什阿克苏高值区。

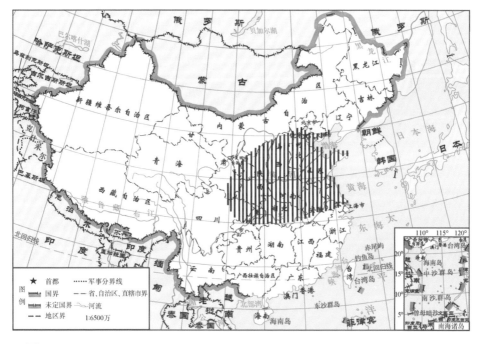

一区

---

① 中国地形的三大阶梯：第一级阶梯是青藏高原，平均海拔在4 000米以上，其北部与东部边缘分布有昆仑山脉、祁连山脉、横断山脉，是地势一、二级阶梯的分界线；第二级阶梯上分布着大型的盆地和高原，平均海拔在1 000～2 000米，其东面的大兴安岭、太行山脉、巫山、雪峰山是地势二、三级阶梯的分界线；第三级阶梯上分布着广阔的平原，间有丘陵和低山，海拔多在500米以下。

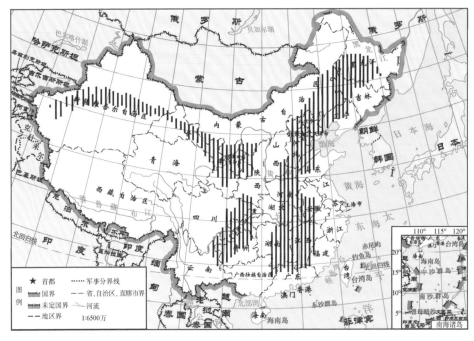

二带

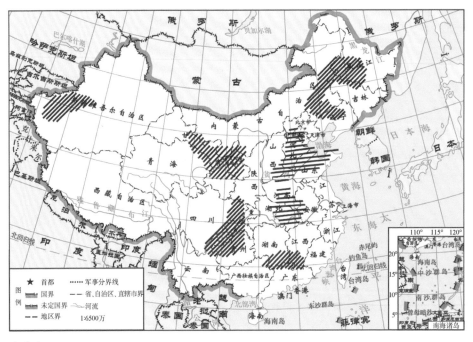

七中心

冰雹的形成

要想更好地进行防雹作业，对冰雹仅限于一般认识是远远不够的，我们需要深入了解冰雹形成的机理，从冰雹形成的根源上或过程中寻找机会，在冰雹没有降落到地面之前消灭它，才能够避免冰雹造成危害。

冰雹云

冰雹云是发展旺盛的对流云，多在春夏之交或夏季出现，云底阴暗、混乱，云中气流翻滚剧烈。冰雹云的形成需要几个条件：一是大气层中必须要有相当厚的不稳定层存在。二是云内含水量丰富，而且必须发展到能使个别大水滴冻结的高度。三是云体的垂直高度不能小于 8 000 米。四是必须要有强烈的风切变。五是云内应该有倾斜的、强烈而不均匀的上升气流和下降气流，速度一般在 10 米/秒以上。

了解了冰雹云的形成条件，我们再了解下冰雹云本身所具有的性质：

一是云里面有雹胚。冰雹云中一般都会有一个非常厚的过冷层，温度在 0 ℃以下。在过冷云区中，如果冰晶处于过饱和环境，就会迅速长大，形成雹胚。

二是云里面有较强的上升气流。一般情况下，这个上升气流的极大值约为 15～20 米/秒。它一方面增强了对流，另一方面是向冷云输送了足够的水汽。另外，这样的气流对冰雹也起到支撑作用。

三是云中长大的冰雹能够落到地面。如果云的暖区很厚，或者地面的温度很高，或者 0 ℃层过高，冰雹在落入暖云或者大气当中，则可能会融化成雨滴，无法降落到地面，那么，这个冰雹云也算不上是合格的。

冰雹形成的微物理过程

如果仔细观察冰雹，我们会发现冰雹是分层的，冰雹里面有雹胚，外面是交替出现的透明和不透明层，由此形成一个层状结构的冰块。这至少传递给我们两个信息：一是冰雹必须有一个雹胚；二是冰雹不是一下子形成的，而是经过了一个复杂的过程。

冰雹特写

气象学家利用数值模拟的方式，对冰雹形成的微物理过程进行了总结：在冷云区，首先由水汽在气溶胶粒子上凝华形成冰晶，水汽在冰晶上凝华使得冰晶不断长大，形成大冰晶或者雪。大冰晶或者雪在下降的过程中碰到了过冷水滴，通过撞冻增长形成霰，霰就成为了雹胚。另外，由于冷云区的温度非常低，水滴可直接形成冻滴，成为另一种雹胚。雹胚遇到过冷水滴继续长大，形成小冰雹，并且开始下降。由于有强烈的上升气流，小冰雹的降落受到了限制，继续留在冷云中，和过冷水滴撞冻增长，形成大冰雹。上升气流无法托住大冰雹，冰雹便降落到地面，形成降雹。

冰雹云的监测与冰雹预报

要有效地防雹，首先要识别冰雹云。最早对冰雹云的识别是靠肉眼和经验来进行判断的，随着气象科技的发展，开始使用更为先进的雷达、卫星等探测手段对冰雹云进行监测和跟踪。

冰雹云的一般识别方式

对于冰雹云，我们可以从外形、颜色、声音等方面进行判别。

外形 冰雹云的云体一般高耸庞大，云底低而云顶高，云高可达 8 千米以上，云中气流翻滚剧烈，比发展旺盛的雷雨云移动速度还快，有的像倒立的笤帚，有的像连绵的山峰，云底呈明显的滚轴状或悬球状。农谚有"云顶长头发，定有雹子下""天有骆驼云，雹子要临门"之说。

颜色 冰雹云的底部颜色比一般的雷雨云要黑，像锅底色，还经常带有土黄色或暗红色。这是因为冰雹云比一般雷雨云发展旺盛，水汽含量更多。阳光透过水汽和尘埃较多的云层时，短波长的青、蓝、紫光大部分被吸收，而长波长的红、橙、黄光照到云边上，就显得乌黑中带有黄色或杏黄色了。农谚中说的"黑云黄捎子，必定下雹子""人黄有病，天黄有雹""黄云翻，冰雹天"就是这个道理。雹云的中间部分是灰色，云顶是白色。

动态 如果两块浓积云合并，发展异常迅速，人们把这种现象叫作"云打架"或"云接亲"。有时四面的云向一处集中，一般集中在经常产生冰雹的源地上空，这是因为受气流的辐合作用和地形地貌的影响，对流进一步加强，云体发展得更旺盛而产生的现象。农谚有"云打架，雹要下""乱搅云，雹成群"之说。有时中午山腰起白雾，山后有黑云成团翻滚而来，白雾和黑云结合，云翻腾得更厉害，直冲天空，云底乌黑，渐变暗色，云边呈土黄色，翻滚异常，来势凶猛，这也是一种冰雹云。老百姓说的"白云黑云对着跑，这场雹子小不了""黑云尾，黄云头，雹子打死羊和牛""天黄闷热乌云翻，天河水吼防冰蛋"等谚语也都生动地从云的形态方面描述了冰雹来临的前兆。

风 冰雹云到来之前，风速时大时小，风向不定，常吹旋涡风。风的来向就是冰雹的来向，在大风中伴有稀疏的大雨点。一般下冰雹前常刮东南风或东风，冰雹云一到突然变成西北风或西风，并且降雹前的风速一般大于雷雨前的风速，有的可达8~9级，随后雨和冰雹会一起降下来。所以农谚有"恶云伴狂风，冰雹来得猛""恶云见风长，冰雹随风落""有雹无风，降雹稀松"之说。

闪电 冰雹云中的闪电大多是云块与云块之间的闪电，即横闪，这说明云中形成冰雹的过程进行得很剧烈，故有"竖闪冒得来，横闪防雹灾"的说法。

雷声 雷声沉闷，连绵不断，人们称这种雷为"拉磨雷"，所以有"响雷没有事，闷雷下蛋子"的说法。这是因为冰雹云中横闪比竖闪频数高，范围广，闪电的各部分发出的雷声和回声，混杂在一起，听起来有连续不断的感觉。

冰雹预报

要达到好的防雹效果，就要有准确的冰雹天气预报，只有准确预报，才能有的放矢，采取有效方法，达到防雹目的。

对于冰雹的预报，存在着很多的困难，因为它的发展速度比较快，在比较短的时间内就能形成强大的冰雹云。但是冰雹云的形成必须要具备很多条件，当这些条件都满足的时候，最终才能降雹。

一般情况下，冰雹预报的准确率可达到 80% 以上，随着科技的发展，雷达、卫星等现代化监测手段的广泛应用，冰雹预报的准确率也将进一步提高。因此，除了做好预报，我们还要做好冰雹的监测和跟踪，而为了更好地防雹，我们甚至还要找准冰雹云中冰雹所在的具体区域。

冰雹监测预报的主要设备

冰雹监测预报的主要设备有闪电定位仪、气象卫星、气象雷达等。在上一章中我们已经介绍了气象卫星、气象雷达等监测设备，这里不再赘述，只补充介绍闪电定位仪。

闪电定位仪

闪电定位仪是用来探测闪电发生的强度、方向、频率及其变化的仪器。它是一种监测雷电发生的气象探测仪器，可全天候、长期、连续运行并记录雷电发生的时间、位置、强度和极性等指标。

闪电定位仪能够很好地监测闪电，而闪电的频数，能够在一定程度上告诉我们云的基本情况。根据闪电频数，我们就能够很好地辨别雷雨云、弱雹云、强雹云。实际上，闪电次数越多，形成强雹的概率就越大。另外，冰雹云是以横闪为主的，横闪越多，也说明冰雹云形成的可能性越大。

闪电定位仪

我们也可以通过雷声的频率来对冰雹云进行判断。一般情况下，雷声的频率分布在 40～1 000 赫兹，不降雹云的平均雷声频率为 160 赫兹，而降雹云则在 100 赫兹左右，这一点也可以作为我们判定冰雹云的依据。当然，这一点在谚语中也得以证明，即"闷雷下雹"，这也是人们在实际生活中总结出的经验，但相比之下，依然是利用闪电定位仪能够得出更精确的结果。

人工防雹原理

人工防雹也叫人工消雹，其原理就是设法减少或切断给小冰雹胚胎供应水分的途径，使云中的冰雹胚胎不能增长成冰雹，或者使小冰雹在变成大冰雹之前就降落到地面，以此来达到防御冰雹的目的。

根据国内外气象学家几十年的研究，目前人工防雹的原理和途经主要有利益竞争、降低轨迹、提早降水、在云内引起动力效应引发下沉气流使冰雹云解体、冰雹云中过冷水的冰晶化、爆炸效应等。

实际上，我国人工防雹主要采用两种方式：一种是依据利益竞争原理的撒播防雹，一种是依据爆炸效应原理的爆炸防雹。

利益竞争与播撒防雹

利益竞争原理最早是由苏联学者提出的。在自然冰雹云的中上部，温度为 –20～0 ℃的云层当中，存在着大量的过冷水，这个区域被称为过冷水累积带，这里的含水量可达到 20～30 克/米³，是生成冰雹的雹源。在这个认识的基础上，苏联学者提出向冰雹云中播撒足够多的人工冰核，使雹源内形成很多的人工雹胚。这时，人工雹胚和自然雹胚为了"争食"过冷水，相互间出现"利益竞争"，结果是"两败俱伤"，谁都没有长成冰雹，这在一定程度上抑制了冰雹的增长，也就是我们所说的利益竞争原理，而这种防雹的方法也就被称为播撒防雹。

利益竞争理论认为，在冰雹生长过程中总的液态水量保持不变，如在自然条件下，人工增加冰雹胚胎，就可以导致冰雹的半径减小。增加的冰雹胚胎越多，冰雹的半径会越小，小到一定程度，即使落到地面，也没有多大的危害了。

综上所述，利益竞争理论可概述为：播撒成冰剂之后，在冰雹云中的冰雹增长区域产生更多的冰晶和霰，来充当冰雹的雹胚，从而在冰雹云中产生足够多的小冰雹，抑制这些小冰雹长大，使小冰雹不能长成大冰雹。这些小冰雹即使落到地面，危害也不大，而且在下降到地面的过程中，很有可能融化为雨滴降落到地面，于是就达到了防雹的目的。

爆炸效应与爆炸防雹

在防雹理论中，爆炸效应可概述为：向冰雹云中发射炮弹，并在冰雹云的指定区域爆炸，爆炸产生的冲击波能够扰动或者改变云中的上升气流，从而破坏降水粒子与上升气流之间的平衡，导致降水粒子集中下落，使得冰雹云不能够进一步发展，对尚未形成大冰雹的云有一定的抑制冰雹生长的作用。爆炸防雹就是利用这一原理，向冰雹云发射带炸药的火箭或炮弹，以影响冰雹云。

对这一方法产生的效果，气象学家也进行了验证和研究。炮击促使没有降水的对流云产生降水，促使已经降水的对流云降水增强。雷达回波还显示，被炮击的冰雹云强度会减弱，出现分裂、分叉，有些甚至还会在炮击的部位出现一个回波窟窿[①]。

其他防雹方法

我国是世界上开展人工防雹业务较早的国家之一。除了上述的防雹原理，人们也总结了一些日常防雹的方法。

在农业防雹方面，人们常采取一些有效的方法，减少冰雹灾害的危害。比

---

① 在雷达的回波图上出现一个像窟窿一样的没有回波图像的区域。

如，在冰雹多发地带，种植牧草和树木，增加森林面积，改善地貌环境，破坏冰雹云生成的条件，达到减少雹灾的目的；增种抗雹和恢复能力强的农作物，来抵御冰雹的危害；对于已经成熟的作物，及时抢收。在雹灾多发区的降雹季节，农民种地会随身携带防雹工具，如竹篮、柳条筐等，以减少人身伤亡。当然，这些都是些比较原始的、被动的、传统的防雹方法，要有效地对冰雹进行防御，还是要采用现代的、科学的、主动的防雹方法，即人工防雹作业。

另外，还有人提出在作物上面覆盖一层防雹网。防雹网一可起拦截作用，将所有直径大于或等于防雹网网眼的冰雹拦截在网外，使其不能对作物造成伤害。二可起缓冲作用。直径小于网眼的冰雹落下后，和防雹网网线发生碰撞，冰雹下落的动能大部分被防雹网吸收，起到了缓冲作用，二次降落后冰雹的动能变得很小，再次撞击作物的动能已不足以对作物造成伤害。这种办法适宜小范围的防雹。

人工防雹使用的催化剂

根据利益竞争的原理，在人工防雹的过程中，向生成冰雹的雹源部位播撒人工冰核即可。一般使用的人工冰核为碘化银。

作业装备

人工防雹中比较常用的作业装备是高炮和火箭，有关这两种作业、装备的内容在第三章已做过介绍，在此不再赘述。

人工防雹作业

掌握了以上的知识，我们就可以很好地进行防雹作业了。

前期准备

（1）了解当地农业生产对防雹工作的需求。

（2）了解当地主要的农作物受到冰雹袭击可能造成的损失。

（3）当地冰雹发生的基本特征、产生降雹的天气类型、降雹的日分

防雹网

布、降雹的时空分布、出现的冰雹的大小、冰雹的发源地、冰雹移动的路径，这些都是基础数据，需要详细了解。

（4）掌握气象卫星、气象雷达、闪电定位仪等仪器的分布和运行情况，以及数据的传输情况。

（5）掌握火箭手和炮手的培训、到岗等人力资源状况和通信设备使用情况。

（6）掌握炮点的分布情况，炮弹的储备情况。

（7）利用雷达等手段对天气进行有效监测和预报。

（8）和相关部门进行很好的沟通，特别是国防、部队、民航等部门，因为炮弹是打到天空中的，如果有飞机或飞行器经过，可能会产生很严重的后果。

作业实施

（1）根据预报和监测情况，识别冰雹云，并估算冰雹云的潜在强度。

（2）根据冰雹云的类型、空间结构、发展阶段、移动方向、移动速度，确定作业的部位。

（3）确定合适的作业点、使用炮弹数量、炮弹作业发射的方位角。

（4）用准备好的通信设备下达作业指令，对冰雹云开展防雹作业。

（5）第一轮作业过后5分钟，继续监测冰雹云的变化和移动，根据需要可采取第二次，甚至第三次作业，直至冰雹云中的冰雹不会对地面产生危害为止。

人工防雹作业的几个关键点

作业点布局

对作业点进行科学合理地布局，才能够让冰雹无处逃遁。在布局的设置上，要参考的因素很多。"雹打一条线"，我们需要找到当地的冰雹线或者冰雹带，也就是说，要根据当地冰雹发生发展的历史规律、天气气候特点、降雹的时空分布特征，合理布设防雹炮点。

我们保护的重点是人、畜、农作物，这就使得炮点的布设有了选择性，在林区，我们显然不需要布设炮弹，而村落、农作物生长区则是我们保护的重点。

每个高炮或者火箭炮都有自己的射程，如果冰雹云超出射程范围，就无法实施有效防御，所以，我们需要让每个炮点的覆盖区域有一定的重合，做到不漏过任何重要区域。

在设置炮点的时候，视野要开阔，视角不小于 45°，射击点要离开居民点500 米以上。炮点选定还要考虑交通、通信等条件。

在炮点的布局上，还有其他方面的要求和具体规定，设置时要严格遵守，以保证作业点布局科学、规范、安全、合理、有效。

作业时机

在防雹作业中，时机的把握非常重要，它是防雹成败的一个关键环节。气象学家研究表明，冰雹云的发展有发生、跃增、酝酿、降雹、消亡五个阶段，显然，我们要在冰雹云的前三个阶段实施有效作业，提早将冰雹消灭。

因为有雷达的监测，也有合理的作业布点，还有先进的通信设备，我们能够监测到冰雹云，并根据其移动和发展，适时地对某一个或某几个作业点发布指令，抓住有利时机开展作业，在冰雹云没有降雹之前，将冰雹消灭。

一旦大的冰雹形成，我们再采用催化的方式，效果就会很不理想，这时候适宜采用的是爆炸防雹的方法，使冰雹提前降落。即使作业点有冰雹降落，但是冰雹云下风方的大片耕地却会得到有效的保护。

作业部位

人工防雹作业部位的确定至关重要，就像打击敌人，没有打击到敌人的要害部位，是不能够算作有效打击的，反而是浪费了弹药。

我们先来看垂直方向。大量探测研究表明，冰雹的胚胎大多在 $-10 \sim -4\ ℃$ 的环境中生成。经过雷达回波分析，在 $-8 \sim -6\ ℃$ 的区域内，发展成冰雹的概率为 80%。这也就为我们在垂直区域内基本上确定了一个有效作业范围，即 $-6\ ℃$ 层以上，播撒层的厚度一般是 1 千米，个别的情况则会达到 2 千米。不过播撒位置还要视具体的情况来定，如果是比较弱的上升气流，在 $-7 \sim -6\ ℃$ 层的范围播撒，效果就比较好。但是如果遇到很强的上升气流，无论是自然冰核，还是打到云里的人工冰核，都会被吹出云外，人工冰核就发挥不了作用。

在水平方向上，作业部位取决于云的类型和发展阶段。如果冰雹云较弱，在 $-6\ ℃$ 层的中央部位播撒催化剂就可以了。如果冰雹云发展旺盛，催化的部位一般选在冰雹云前部的引导云或者悬垂回波区的前部和下部区域。

当几块冰雹云在某处汇合时，一定要引起我们的高度重视，"强强联手"会使得冰雹云更强，这个时候，我们就要对合并部位展开猛烈的炮轰，阻止它们合并。

作业剂量估算

一般来说，炮弹打得越多，防雹效果就越好，但是过犹不及，一枚火箭弹的价格在 1 500 元以上，打炮就是打钱。所以，我们要珍惜每一颗炮弹，要准确地计算出作业所需的用弹量。

气象学家运用计算公式可以计算出作业的用弹量。用弹量和播撒体积、播撒云区内的含水量、0 ℃层高度单个不成灾冰雹粒子的水质量、人工雹胚的形成概率、火箭弹的催化剂含量都有关系。这些数值可以通过雷达、地面和高空气象资料获取，所以，用弹量我们就能够计算出来。

当然，这个用弹量只是理论值，实际上，用弹量还与催化剂的播撒效率、催化剂的扩散速度、云体的水分含量、云体的粒子浓度、冰雹的类型、冰雹的强度、冰雹的发展阶段、冰雹的持续时间等有一定的关系，是一件非常复杂而又让人头疼的事情。所以，除了理论计算，我们还需要依靠经验。什么样的云需要多少炮弹，一般在经验丰富的业务人员心中都有个大体的数目。如果这样也不行，我们还有补救的措施，那就是在第一轮作业之后，根据监测结果，再决定是否进行第二轮、甚至第三轮的作业。

人工防雹的效果评价

人工防雹的作业结束了，但人工防雹人员的工作并没有结束。这次人工防雹工作进行过程中有没有疏漏？哪些事情是我们没有事先想到的？在人工防雹方面我们还有哪些需要改进的地方？这些问题都是防雹工作人员和科研人员必须思考和总结的，只有善于总结、积累经验，才能让人工防雹工作不断向前推进。

除了上面所提的问题，人工防雹的效果如何也是人工影响天气工作者必须要回答的问题。实际上，这涉及防雹工作中一个很重要的环节，那就是人工防雹的效果评价。这次作业投入了多少钱？挽回了多少经济损失？投入和产出比是多少？关于经济效益的账要算清楚。

这里，我们简单介绍两种评价方法。

统计检验

统计检验就是利用统计的方法对防雹效果进行评价。在这种方法中，统计变量主要是雹灾面积、降雹日数、雹灾损失、防雹经济效益等。有些防雹过程中还会增加降水，这时，我们对干旱少雨地区的降水也要进行统计。有专家对北京市1996—2001年59个高炮防雹日进行了统计分析，从作业前后的冰雹云雷达回波参数来看：实施人工防雹的作业之后，云顶的高度降低了1.2千米，回波的强度减弱了5.1 dBZ，风速降低了2.9米/秒。也就是说对流云的强度和高度都得到了很大的抑制，从而有效抑制了冰雹灾害发生的可能性。

物理检验

物理检验主要是以冰雹云和降雹的相关物理量作为参量评价防雹的效果。这些物理量有回波的形态、回波强度、云顶高度、冰雹特征、冰雹动能、冰雹动能通量、冰雹质量通量等。这种评价方法有两种：一是选择同一块冰雹云，根据其作业前后的变化进行评价；二是选择两块相同的冰雹云，一块没有作业，另一块进行了人工防雹作业，进行比较分析。1987—1990年，河北满城进行了防雹试验，试验区和未进行防雹的对比区共采集了11组相关物理参量。经过物理统计：和对比区相比，试验区平均冰雹动量减少81%，平均动量通量减少59%，平均冰雹质量减少78%，平均降雹强度减少50%。由此，我们可以看到，防雹的效果比较好。

人工防雹案例

人工防雹案例在全国各地比较多，很多地方已经将其纳入常态化的防灾减灾工作当中，成为了一项必须要完成的日常工作。

西藏日喀则地区属于西藏重要的农区，全区四分之一的粮食产自这里。受到年楚河的影响，江孜、朗县、日喀则等河谷地带的青稞长势非常好。每年的七八月份，是青稞成熟最为关键的时期，但这个时段也是冰雹多发的时段。自从开展人工防雹以来，农区作物受到了保护，老百姓得到了实惠。

再举一个具体的防雹的例子。1992 年 6 月 30 日—7 月 1 日，受到高空冷涡天气系统的影响，辽宁省黑山县、盖县、岫岩县境内 38 个乡镇、249 个村先后出现了冰雹天气。新立屯一带甚至出现了龙卷，出现严重的雹灾和风灾。同样处于这一天气过程当中，鞍山市海城、台安两县（市）和旧堡区，设置了 6 个炮点，共计发射炮弹 360 发，因为及时进行了人工防雹的作业，最终只在东四方台一个防雹站降落少量冰雹，其他各防雹站点控制区均未降雹。由此可见，防与不防，最终的结果完全不同。

五、人工消雨

在实际的生产生活中，雨给我们带来了很多好处，但并不是所有的时候，我们都要去增雨，必要的时候，我们还要进行消雨或者消云的工作。比如说，我们要进行一项重大的阅兵仪式，不仅地面上有方队、有武器，高空中也有飞机方队。这样的时候，我们就不希望有云在天空上出现，最好是晴空万里的天气，只有这样的天气，才能够保证低空飞行的安全，也才能够保证给我们一个绝对良好的视觉效果。同样，在这样的活动中，我们更不希望下雨，因为下雨会让整个活动一团糟。有些活动的日期可以挪动，但有些活动的日期就不能挪动，比如国庆。假如这一天要下雨，而我们又有重大的活动，那就需要进行人工消雨或者消云的作业。

人工消雨的概念

人工消雨，也叫人工减雨，有些称为人工驱雨，意思基本上都是一样的。就字面意思理解，人工消雨和人工增雨是相反的：一个是消，一个是增；一个是减，一个是加。但实际上，它们并非是完全相反的，人工消雨也是利用云物理过程和降水机制进行的一种人工影响天气作业，和人工增雨之间有一定的相似性，但又有不同的地方。

人工消雨是通过在降水云团的上游地区实施大范围、大规模、超常规的人工增雨作业，使天气系统的能量加速扩散，同时使空中水滴快速形成，让移进目标区的降水云团提前降雨；或者在目标区的上风方地区，往云层里超量播撒冰核，使云中无法形成足够大的雨滴，阻止和延缓大降水。

人工消雨的原理和方法

人工消雨有两种主要的方法，一是提前降雨，二是抑制降雨。

提前降雨

一般情况下，人工影响天气工作人员会选择在消雨目标区的上风方，通常是

60～120 千米的距离，进行人工增雨作业，让雨提前下完，影响降雨的时空分布，使消雨目标区内出现无雨或者小雨的天气。

这是对于不同的地域来讲的，是影响降水时空分布的一种方法，基本原理和人工增雨是一样的，目的是要做到此长彼消。如果要确保甲地不下雨，那么就在甲地附近的乙地、丙地实施人工增雨作业，使得整个云系到达甲地时，降水已经全部完成，达到无降雨或者无云系的理想状态。本来要降到甲地的雨水，落在了乙地和丙地，对甲地来说是消雨，对乙地和丙地来说是增雨。

抑制降雨

在采用抑制降雨的方法时，又可以采取两种不同方式，即过量播撒和动力下沉。

过量播撒

在消雨目标区的上风方，通常是 30～60 千米的距离，往云层里播撒超量的冰核，使冰核含量达到降水标准的 3～5 倍。冰核数量多了，这些冰核粒子就要"分食"云内的过冷水滴或水汽，那么，每个冰核能够吸收到的水分就会减少，无法形成足够大的降水粒子，最终就导致它们无法降落到地面。

这个原理也是比较容易理解的。在没有进行人工干预之前，云内的水分很足，但冰核不够，这就是我们所说的"肉多狼少"，就是把狼撑死了，它也吃不了那么多的肉。如果我们引进适量的冰核，就会让大量的水分在有冰核的情况下变成降水粒子，这就是进行增雨作业了。但如果我们大剂量地播撒冰核，就出现"狼多肉少"的情况，过剩的冰核就会互相抢水汽，导致无法形成足够大的雨滴，雨就无法降落到地面上了，就达到了消雨的目的。

云里面的水分并没有减少，但因为每个雨滴都很小，只能飘在空中，落不到地面，所以，这种消雨的方式也被称为"憋着不下"。

动力下沉

针对对流云，可利用动力下沉原理进行人工消雨。

对流云形成降雨的一个很重要的条件就是有足够强的上升气流。通过在对流云的顶部集中播撒粗分散颗粒，在云中就会产生引发下沉的气流，云的动力过程就会发生变化，从而抑制对流云的发展，甚至最终导致对流云消散，达到消雨的目的。

对流云的发展强盛，很重要的因素就是上升气流，上升气流越强，云体的高度和宽度就会越大，也更容易让大气中的水汽变成降水粒子，无论是冰雹还是大的雨滴，只有在强烈的上升气流的支撑下，才能够形成。但当人工介入后，对流云内部出现了下沉气流，削弱了上升气流的势头，对流云的发展速度和势力也就随之减弱了。

我们再来说说人工消雨使用的催化剂。在冷云的催化中，可以使用干冰、液氮等致冷剂，也可以使用碘化银等人工冰核。在暖云的催化中，可以使用氯化钠、氯化钙等吸湿性催化剂。

人工消雨的流程

是否实施人工消雨，首先要对天气状况进行细致的观测，并对其变化趋势进行预测，确定是否存在降雨的可能。

如果发现有降雨的可能，则需要进一步了解本次天气系统对本地的可能影响趋势和范围，何时何地可能产生降雨。这一点非常重要，预测的准确与否，是消雨作业是否有效的基础。随后，就要针对事先设定好的消雨目标区制定人工消雨方案。一旦有作业条件，则立即启动飞机或地面火箭、高炮等设备进行作业。

如果是受移动天气系统的影响，则在设定的消雨目标区的上游地区进行人工增雨作业，让本地未来的可能降雨在其上游地区提前降到地面，从而达到在设定的保护地区减缓或消除降雨的目的。如果是局部云系发展产生降雨，则需对目标云系进行过量播撒作业，让凝结核充分"争食"云中的水分，使云滴很难长大成为雨滴降落到地面，达到减弱或消除降雨的目的。

如果是对流云的降水，则可以利用动力下沉的原理，让该对流云减弱甚至消散。

人工消雨案例

那么，到底为什么要进行人工消雨呢？我们还是通过一些实例来回答这个问题。

1986 年，乌克兰北部的切尔诺贝利核电站发生灾难性的爆炸，大量的辐射性物质泄漏，并开始向外扩散。如果这个地区下雨，则会使得放射性物质渗透到地下，不仅会污染土壤，而且还会污染地下水源，会使这场灾难变得更加可怕。就在这个时候，气象部门又预报这个地方将会出现较大的降水。在这样的情况下，他们实施了多次的人工消雨工作，根据不同的天气状况和云系，采用了不同的消雨方法，在一定程度上遏制了灾难的进一步扩大。

2008 年 8 月 8 日是北京奥运会开幕的日子，时间定下来了，但问题也来了。八、九月份是北京的主汛期，全年 40% ～ 50% 的降水就产生在这个时段。一旦降雨，开幕式上的文艺表演、焰火表演就都会受到很大的影响。于是，气象部门就决定实施人工消雨作业，使北京市部分区域不产生降雨。开幕式当天，偏偏西北有冷空气过来，冷暖空气相遇极易形成降雨，形势很不乐观。气象部门及时开展了人工消雨工作，发射火箭弹 1 100 多发，才使北京奥运会开幕式顺利进行，没有受到降雨的影响。为了做好消雨工作，人工影响天气工作者前期还做过很多次试验，并不是当天一举成功的。这一成功事例为我们积累了宝贵的经验，对我们开展人工消雨的研究很有帮助。

通过上面的案例我们可以看出，人工消雨不光能在大型的活动中发挥重要的作用，更被大家看好的是，在将来的防灾减灾工作中，人工消雨也能够发挥重大的作用。比如前面我们提及的乌克兰核电站爆炸，降雨会使灾难进一步扩大；再比如爆炸导致水库的水坝遭到破坏，在水坝没有修好之前，降水还会导致洪涝灾害。这样的时候，我们就应该进行人工消雨作业，以避免或减轻灾害。

当然，这些想法要实施起来，需要一个很长的过程，但我们至少通过一些成功消雨的例子看到了希望，随着科学技术的发展，这个梦想终会实现。应当说，人工消雨或者消云，在未来，还有很多有用的场合，这需要气象工作者的不断努力，逐步拓宽应用的领域。

六、人工消雾

在人工影响天气中，还有一项很重要的内容，那就是人工消雾。

雾

近地面的空气层中悬浮着大量微小水滴或冰晶，使水平能见度降到 1 千米以下的天气现象叫作雾。我们将这些微小的水滴或冰晶称为雾滴。雾滴的直径在几微米到几十微米，雾滴的浓度一般为每立方厘米几十到几百个。

雾的分类

按照雾的温度特征，可以将雾划分为暖雾、冷雾、冰雾 3 种。和暖云相似，暖雾是由 0 ℃以上的小水滴组成的雾。冷雾主要是由温度低于 0 ℃的过冷水滴组成。雾内的温度低于 –20 ℃，则为冰雾，主要是由冰晶粒子组成。

根据水平能见度的不同，可以将雾分为三个等级：水平能见度大于或等于 0.5 千米、小于 1.0 千米为雾；水平能见度大于或等于 0.05 千米、小于 0.5 千米为浓雾；水平能见度小于 0.05 千米为强浓雾。

按照雾的不同成因，可以将雾划分为辐射雾、平流雾、锋面雾、上坡雾、蒸发雾、城市雾六种。

辐射雾　由于空气受地面辐射冷却，使空气中水汽达到饱和而形成的雾。辐射雾多出现在晴朗、微风、近地面空气中水汽比较充沛且层结比较稳定及有逆温层存在的夜间或清晨。

平流雾　暖而湿的空气作水平运动，经过寒冷的地面或水面，逐渐冷却而形成的雾。这种雾常伴有毛毛雨。

锋面雾　锋面前后形成的雾，分为锋前雾和锋后雾。锋前雾是由于锋面上的暖空气云层中的雨滴落入近地面冷空气内，经蒸发，使空气达到过饱和而凝结形成。锋后雾则是由暖湿空气移动到冷空气覆盖的地面，经冷却达到过饱和而形成。

上坡雾　潮湿的空气沿着山坡上升，绝热冷却使空气达到过饱和而产生的雾。这种潮湿空气必须稳定，山坡坡度必须较小，否则形成对流，雾就难以形成。

蒸发雾　冷空气流经温暖水面，如果气温与水温相差很大，则因水面蒸发促使空气中含有较多水汽，并受到冷却作用而形成的雾。这时雾层上往往有逆温层存在，否则对流会使雾消散。所以蒸发雾范围小，强度弱。

城市雾　由于人类的各类活动（浇水、运动出汗、呼吸等）、护城河或者市内河湖的水面蒸发，城市上空的空气中往往含有较多的水汽和凝结核。当辐射冷却时，在城市的上空形成的一种雾，就叫城市雾。

蒸发雾

辐射雾

雾的利弊

雾会对交通造成影响。因为能见度比较低，航空、航运等都会受雾的影响，甚至会酿成很大的交通事故。

雾对电力和通信也会造成影响。冷雾和冰雾中含有很多温度很低的冰晶，会在电线或通信线路上形成雾凇或者冰。雾凇或冰达到一定的重量后，会压断电线，导致线路中断。雾还可能导致"雾闪"发生，会使输电线路中断。

雾还能加重空气污染。在空气污染地区，如果雾在近地面的大气中长时间不能消散，很多污染物就会在空气中无法排放，造成比较严重的空气污染。一些有害物质与水汽结合，会变得毒性更大，如二氧化硫变成硫酸或亚硫化物，氯气水解为氯化氢或次氯酸，氟化物水解为氟化氢。因此说，雾天的空气污染比平时要严重得多。

雾也会对人体造成很大的伤害。组成雾核的颗粒很容易被人吸入，并且在人体内滞留。长时间处在这种环境中，人体会吸入有害物质，造成肌体内损，极易诱发或加重疾病。

雾虽然有这么多危害，但也并非一无是处，它还是有好的一面的。有些地方的茶叶品质好，就是因为它独特的生长环境。这些地方会经常形成局地性的雾，这些雾因为远离城市，里面所含的有害物质比较少，而丰富的水汽有利于茶树的生长，会对茶的品质产生好的影响。

美丽的雾景

秋冬季节，温度骤然降低，除了雾，还可能出现霜冻，这个时候，雾的作用就发挥出来了，它能够形成一定的温湿环境和屏障，从而减轻低温冻害对农作物造成的影响。

对于干旱地区，雾可称为隐性降水，收集雾水，可成为一类可用的水资源。另外，雾还能起到净化空气的作用。

当然，对于一些摄影爱好者来说，雾天是可以拍摄美景的日子，雾会让原本就很美的自然风光变得更美。

雾的监测

利用对大气温度、露点温度、湿度、风向、风速的常规监测和对雾的厚度的监测，基本可以判定雾的性质和强度。

除了常规观测，还有雾滴谱、含水量、透明度、能见度、长波辐射等项目的观测。

雾滴谱仪

在微观监测方面，有一种仪器叫雾滴谱仪。雾滴谱仪能够对雾滴粒子进行分档计数，采样范围在2～200微米，能得到每档粒子的数量密度、平均直径、液态水含量等数据。该仪器由增速齿轮箱、风扇叶片、微型风洞机身、雾滴取样芯、测压管、风洞进气头等部件组成。

雾滴谱仪

透明度仪

透明度仪可测量雾中透明度的演变。仪器由光源、光电接收、记录三个部分组成。

人工消雾的原理

雾对农村造成的影响并不大，危害相对较小。但是当雾出现在交通沿线、机场、港口等地方，危害就显现出来了。这时候，我们就需要消雾。

雾的形成条件

在谈消雾的原理之前，我们先谈一谈雾形成的条件。要形成雾，归纳起来，需要有四个条件，即冷却、加湿、有凝结核、层结稳定。这些知识在前面已经说过，这里再简单解释一下。

白天，由于太阳辐射加热，饱和水汽压随之升高，使得很多水汽到达空气中，但是夜晚的降温，也就是冷却，使得饱和水汽压降低，很多水汽就在空气中凝结成雾滴，或者凝华成冰晶。

雾的形成需要足够的水汽，没有足够的水汽，雾就很难形成，在久旱时节或者北方的冬天，雾是比较少见的。

雾的形成还需要凝结核。有了凝结核，水汽才能在其上形成雾滴。这些凝结核在现代化城市中并不缺少。

雾还需要一个稳定的大气层结，如果扰动严重，雾就不容易形成，比如，在风比较大的时候，或者在大的天气系统到来的时候，雾都不容易形成。

冷雾消除

冷雾由过冷水滴组成，可通过播撒致冷剂来消除。播撒致冷剂可产生大量冰晶，冰晶可消耗雾中水汽最终消耗水滴而快速长大，然后落到地面。同时，过冷水滴蒸发消失，便达到了消雾的目的。

冷雾消除

一提到致冷剂，我们马上会想到干冰。将它播撒到大气中，局部大气的温度会降低到 −40 ℃，这一点，在人工增雨的章节里我们已经充分了解了。干冰的升华温度为 −78.5 ℃，干冰粒子在下降的过程中，会形成一个 −40 ℃的等温线，等温线内的水滴会迅速冻结冰化。

除了干冰，还有其他的致冷剂。比如液氮，它的挥发温度是 −196 ℃，其作用的原理和干冰基本一致。

另外，致冷剂中还有液态丙烷，但是这种物质易燃，存在安全隐患，用得就比较少。

暖雾消除

消除暖雾的难度有点大，一般有三种办法：

加热法　通过加热空气让雾滴蒸发而消失的方法。通过热力喷射，高温气流发生动力扩散，形成一个范围较大的高温区，平均气温升高 10 ℃以上，使得该区域内的雾滴蒸发消散。这种方法的成本比较高，只适用于小范围区域（如机场跑道）的暖雾消除。

吸湿法　就是撒一些盐或尿素等吸湿物质，让雾气蒸发。吸湿剂在大气当中将水汽吸收，降低相对湿度，促使雾滴蒸发，而吸湿的水滴能够凝结增长，并通过重力碰并增长，在下降的过程中再次吸收空气中的雾滴，最终降落到地面，达到消雾的目的。

人工扰动合成法　就是用直升机在雾区上空缓缓飞行，把雾顶的干燥空气驱赶下来和雾里的空气混合，以让雾气蒸发消失。这种办法的成本也比较高。

人工消雾作业实践

1966—1967 年，我国气象、民航、科研单位的专家联合在合肥进行消暖雾研究，采用飞机播撒氯化钙的方法，共进行了 30 多次试验，其中 29 次效果明显。1984 年，我国空军在北京西郊南苑机场用飞机播撒盐粉作吸湿剂进行消云、消雾，确保了国庆 35 周年庆典的顺利进行。1987 年 12 月 15 日，我国气象工作者又在成都双流机场用能够喷射高温气体的飞机喷气发动机系统进行消雾试验，也获得成功。

在实践当中，冷雾比较好消除，不仅消除的效果好，而且成本相对来说并不算高。但暖雾的消除，尽管我们提出的办法很多，却很少能够大面积进行。目前暖雾的消除还多处在试验阶段，除了一些特殊情况，很少应用到实际中。消雾作业需要安置很多专业的设备，如果我们对一条几百千米长的高速公路进行消雾作业，在沿途路边每隔不远就需安置一台播撒催化剂的仪器，这是一笔巨大的投入，成本会十分高昂。雾和云不同，如果只是消除小范围的雾，很快会有新的雾形成，如果持续不断地作业，花费也是很高的。话说回来，一般情况下，雾持续的时间不会太长，等到气温升高或者起风时，雾也就渐渐消散了。如果进行消雾作业，可能耗费的成本会比实际的损失还要高，这也是没有大力开展消雾作业的另一个原因。

当然，雾的物理机制的研究、消雾方法的研究，甚至一些消雾试验工作还在进行当中，希望有一天，气象工作者们能够找到更便捷、更省钱的消雾方法。

七、人工防霜冻

霜冻

霜冻的基本知识

霜冻是生长季节里因气温降到 0 ℃或 0 ℃以下而使植物受害的一种农业气象灾害。霜冻根据成因可分为三种：一是冷空气入侵造成的平流霜冻，二是近地物体夜间辐射冷却生成的辐射霜冻，三是入侵的冷空气再经过夜间辐射冷却后生成的平流辐射霜冻。

霜冻和霜是有区别的。霜也称白霜，是近地面空气中水汽直接凝华在温度低于 0 ℃的地面或近地面物体上的白色松脆冰晶，是一种天气现象。有霜时不一定有霜冻，作物不一定受冻害。发生霜冻时，有两种可能：如果空气中水分含量足，达到饱和，就会出现白霜；如果空气中水分含量少，达不到饱和，就不会有白霜出现，但此时植物已遭受冻害，失水后茎叶枯萎变成黑色，所以也把这种现象称为黑霜。我们常说一个人像"霜打了的茄子"，实际上，这个霜指的就是黑霜。

霜冻的危害

霜冻是中国"旱涝风冻"四大气象灾害之一，在我国很多史书和地方志中都有霜冻的记载。1953 年 4 月 11—13 日，中国北方发生了一场大范围霜冻，仅冬小麦一种作物就减产 25 亿千克，造成了严重的危害。

霜冻是怎样危害作物的呢？我们知道，作物内部都是由许许多多细胞组成的，细胞与细胞之间是有水分的。当温度降到 0 ℃以下时，这些水就开始结冰，水结冰体积就会膨胀。因此，当细胞之间的冰粒增大时，细胞就会受到压缩，细胞内部的水分就被迫向外渗透，细胞失掉过多的水分，它内部的胶状物就逐渐凝固起来。特别是在严寒霜冻以后，气温又突然回升，作物渗出来的水分会很快变成水汽散失掉，导致细胞失去水分没法复原，作物便会死去。

　　一般来说，霜冻强度越大，即气温越低，作物受害也越大。霜冻持续时间越久，即低温持续的时间越长，作物受害也越重。霜冻发生的强度和持续时间与地形、土壤、植被、农业技术措施及作物本身等条件密切相关，如就地形影响而言，洼地、谷地、小盆地和林中空地出现的霜冻多于邻近的开阔地。

人工防霜冻的方法

　　通过介绍，我们知道，霜冻的危害主要来自低温。人工防霜冻是人工影响局地小气候的一种手段，主要是为了保持农田近地层作物的叶面和土壤表层温度不降低，或者减缓其下降速度，使农作物免受霜冻的危害。

　　人工防霜冻采取的措施主要有两种：一是保温，二是增温。就保温措施而言，有熏烟法、覆盖法、灌水法等；就增温措施而言，有加热法、通风法等。下面，我们就介绍一下人工防霜冻的具体方法。

熏烟法

熏烟法

用能够产生大量烟雾的柴草、牛粪、锯末、废机油、赤磷等物质，在霜冻来临前 0.5～1.0 小时点燃。这些烟雾能够阻挡地面热量的散失，而烟雾本身也会产生一定的热量，一般能使近地面空气温度提高 1～2 ℃。但使用这种方法要具备一定的天气条件，且成本较高，污染大气，不适合普遍推广，只适用于短时霜冻的防止或保护名贵林木。

1993—1995 年秋季，吉林省人工降雨防雹办公室分别在农安县华家乡、龙王乡等地进行人工防霜冻作业试验。每次试验面积为 100 公顷，划分为作业区和对比区。在作业区内设置防霜剂发烟点，保护玉米、水稻、高粱、大豆、白菜不受霜冻之害。与此同时，布置 10 个气象观测点，进行温度、湿度、风向、风速、地表温度等的测量。每当预报夜间出现晴空、静风的天气条件，可能出现霜冻时，即进行熏烟作业，使烟雾覆盖整个作业区。这种烟雾阻止了地面向天空长波辐射的降温作用，所以农作物周围环境温度都高于没有烟雾的对比地区，一般高出 2～3 ℃。这样，作业区就不会出现霜冻，农作物就能够正常生长。

覆盖法

覆盖法

用稻草、麦秆、草木灰、杂草、尼龙等覆盖在作物上，既可防止外面冷空气的袭击，又能减少地面热量向外散失，一般能提高气温 1～2 ℃。对于一些矮秆苗木植物，还可用土埋的办法。这种方法只能预防小面积的霜冻，其优点是防冻时间长。

灌水法

灌水可增加近地面层空气湿度，减少辐射冷却，提高空气温度。由于水的热容量大，降温慢，田间温度不会很快下降。

对于小面积的园林植物还可以采用喷水法，其方法是在霜冻来临前 1 小时，利用喷灌设备对植物不断喷水。因水温比气温高，水遇冷时会释放热量，加上水温高于冰点，以此来防霜冻，效果较好。用喷水法防霜冻时，必须在温度为 0 ℃时开始喷水才能有效果。另外，这种方法最适合不怕被结冰压断树枝的植物，不能用于玉米、黄瓜等怕压断枝叶的植物。

加热法

应用煤、木炭、柴草、重油等燃烧使空气的温度升高以防霜冻，是一种广泛使用的方法。江苏有些果园为了防御霜冻，采用挖"地灶"的方式，在霜冻出现之前，将干草、树枝等放在"地灶"内燃烧，释放出热量，使周围温度升高，就能很好地防御霜冻，但这种方法会造成污染。

加热法

近年来，也有利用增热物质来防霜冻的。在霜冻出现之前，将增热剂撒播在垄沟内，便可使温度升高。常用的增热剂如石灰，它能够释放出热量，促使植物体周围的温度升高 1～2 ℃。

通风法（扰动法）

在夜间局部地区出现辐射冷却，地面温度低，而距地面 10～20 米的高度，气温却出现较高的情况，这一现象就叫逆温，这时也常常出现霜冻。人们常用大的风扇使上暖下冷的空气混合，提高地面温度进行防霜冻。

澳大利亚曾有人将直径 6.4 米的大风扇，安装在 10 米高的铁架上，霜冻之夜，开动风扇使空气混合，在半径为 15 米的区域内升温 3～4 ℃，防霜冻效果很好。美国使用在低空飞行的直升飞机扰动气流，飞机飞过后使空气升温 2～5 ℃，升温持续 20～30 分钟。连续飞行能在较大范围内防御霜冻。

施肥法

在寒潮来临前，早施有机肥，特别是用半腐熟的有机肥做基肥，可改善土壤结构，增强其吸热保暖的性能。也可利用半腐熟的有机肥在继续腐熟的过程中散发出热量，提高土温。入冬后可用暖性肥料培育林木植物，有明显的防霜冻效果。

暖性肥料常用的有厩肥、堆肥和草木灰等。这种方法简单易行，但要掌握好本地的气候规律，应在霜冻来临前 3～4 天施用。入冬后，可用石灰水将树木、果树的树干刷白，以减少散热。

杀灭冰核细菌防霜冻（药剂防霜冻）

研究发现，人们肉眼看不见的一些细菌附生在不同植物的表面，而这些细菌可以成为冰核，叫作冰核细菌。大量实验证明，在植物体表面附生众多冰核细菌的时候，植物细胞内水分出现结冰时的温度为 -2～-1 ℃，均高于植物体表面没有附生冰核细菌的农作物，这就是冰核细菌的活化作用。

既然冰核细菌能够使植物细胞在 -2～-1 ℃结冰，我们可以用药剂消除植物体表面的众多冰核细菌，使植物体更耐霜冻。农业科技人员经过多年的研究，已经从各类药物中筛选出抗霜剂 1 号、抗霜素 1 号和抗霜保三种防霜冻药剂。在处于苗期的玉米叶上喷撒抗霜剂 1 号，防止霜冻的效果明显，成功率为 80%。

除了以上介绍的方法，我们还应该多了解当地的天气气候特点，做到早种早收，或者种植一些生长周期相对较短的作物，避开霜冻期。对已经成熟的作物，也要抓紧时间收割，避免霜冻的危害。

八、其他人工影响天气活动

随着人工影响天气工作的深入开展，人工影响天气的领域也得到了进一步扩展，这里我们介绍一些人工影响天气扩展的内容。

人工抑制雷电

雷电是发生在雷暴天气条件下的一种瞬时放电现象。雷电对人类造成的危害很大，如击毙人畜、毁坏建筑物、引起森林火灾、威胁航空和航天的安全等，可造成巨大的损失。

雷电

现在，人们采取了很多的防雷措施，这些措施有效地保护了人们的生命财产安全。在这里，我们要讨论的是怎么能够抑制雷电，让雷电不再危害人类。人工抑制雷电的试验开始于 20 世纪 60 年代初期，试验的方法主要有三种：

一是在积雨云内播撒大量成冰催化剂。1965—1967 年，美国对 26 块积雨云的试验结果表明，催化后比不催化的放电次数少，并且闪电持续的时间也短。有一种假说认为，播撒成冰催化剂（如碘化银）之后，云中产生大量的冰晶，使过冷水蒸发，从而减弱云中的起电过程。

二是在积雨云内播撒大量细小的金属针。通过金属针的电晕放电，使雷暴电荷的损耗加快，减弱电场强度，从而削弱或消除雷电。美国在 1972—1973 年，播撒直径 25 微米、长 10 厘米的镀铝尼龙丝，使云中产生电晕放电，从而使电场强度减弱到产生闪电所需要的强度以下。试验表明，播撒镀铝尼龙丝之后，云的闪电次数较快地趋向于零，而不向云中播撒则没有这种现象。

三是人工触发闪电。将火箭发射到雷暴云中，使云和火箭之间形成闪击，以减少雷电对保护目标的威胁。

人工抑制雷电的试验次数还不多，效果也不是很显著，试验结果还缺乏统计上的显著性，仍需要我们不断探索。

另外，我们也可以用人工引雷的方法削弱雷电。1967 年，气象工作者在上海做了一次试验，他们在火箭的尾部拖带了一根金属线，当火箭发射到雷暴云中，雷电被引入大地，引雷取得成功。此后，气象工作者又研发了专门用于引雷的火箭，效果都比较好，成功率达到 66% ～ 70%。

人工削弱台风

台风是一种热带气旋，在海上生成，又会在沿海登陆，是一种中尺度范围的天气。台风带给我们的有两样比较重要的东西：一是大风，二是强降雨。这两样东西都有可能给我们带来巨大的灾难。有时候，降雨可以给陆地带来水资源，但是大风却带不来什么好处。所以，削弱台风也是一种减灾方式。

人工削弱台风就是向台风中特定部位的对流云播撒大量的成冰催化剂，改变台风的某些结构，使最大风力减弱，以减轻其危害。据估算，如果台风最大风力减弱 10%，就会使灾情减轻 20%。所以，人工削弱台风试验都是以削弱台风眼周围的最大风力为目标。

在台风眼周围的云墙和离台风眼稍远的螺旋状云系内，播撒大量的碘化银，使云中产生大量冰晶和冻滴，释放冻结潜热，促进对流云发展，从而使水汽进一

台风卫星云图

步凝结而继续释放潜热，造成该区域的气温上升，这样，低层气压升高，就可以使台风眼附近的气压梯度变小，最大风力减弱。同时，由于主要上升气流区向外围扩展，低层入流区也随之外移，根据角动量守恒原理，这将使最大水平风速减小。理论模式的计算结果表明，用催化的方法，能使台风眼壁向外扩展 10 千米，并使海面最大风速减小 3～4 米 / 秒。

1947 年 10 月，美国对台风进行了首次播云尝试。20 世纪 60 年代和 70 年代，又先后对 4 个台风进行了 8 次有计划的播云试验，其中 4 次在播撒碘化银后，最大风速减小了 10%～30%。但由于台风风速的自然变率较大，最大风速的这种减小，还不能完全肯定是播云的效果。20 世纪 80 年代，美国对台风又做了进一步的探测，发现台风的云墙和螺旋状云系内过冷水含量很少（一般小于 0.5 克 / 厘米 ^{3}），冰晶浓度很高（1～200 个 / 升），云内的垂直气流较弱（一般小于 3～5 米 / 秒），估计人工播撒成冰剂很难产生明显的热力效应，所以用人工播云法削弱台风的可行性又受到了怀疑。因此，人工削弱台风的路还很长，还需要试验和研究，探索更有效的方式。

洪涝

人工抑制暴雨

适当的降水对人类是有利的，但是集中在某个较短时段内的强降水就可能造成洪涝、山体滑坡、泥石流等灾害，因此，在必要的时候，也需要对暴雨进行抑制，以减轻灾害。人工抑制暴雨，有三种办法：

一是破坏机制法。就是要提前破坏降水云系中原有的自然降水微物理机制，使其内部失调，达到提前降水或者延缓降水的目的，促进降水空间重新分布。

二是截流效应。采用前期影响云系的环流形势，提前激发云系发展中的对流过程，削弱低层的入流途径，这相当于截断了水汽进入对流云系的途径。

三是竞争场效应。在预报暴雨区，提前做动力催化，人为地使目标区内的对流加强，四周就会出现附加的补偿性下沉运动，抑制新的对流发展，引起区域降水减少，使大量小积云早熟，削弱云系发展和合并的增强机制，阻止水汽和能量在低空聚集。

九、人工影响天气的未来

事实证明，人工影响天气是科学的、有效的，在开发空中云水资源、防灾减灾等方面产生了一定的作用。随着科技的发展，人工影响天气的设备和技术也会得到更好的发展，人们对人工影响天气的需求也会进一步加强，人工影响天气在未来将会发挥越来越重要的作用。

技术展望

近年来，一些与人工影响天气工作相关的新技术及其发展，对人工影响天气工作的发展起到了一定的促进作用。

数值模拟

进行数值模拟时，首先要建立一个反映问题本质的数学模型，其次是需要对要解决的问题寻求高效率、高准确度的计算方法，然后再编制程序，最后进行计算，就可以得到一个结果。在人工影响天气业务中，数值模拟可用于人工影响天气作业的方案设计和论证、作业过程中的技术指导、作业后的技术分析和效果评价等。

飞机探测

有关飞机探测的技术，我们在前面已经做过介绍，是用飞机携载气象仪器对大气进行的一种气象探测活动。在海洋等台站稀少区域，飞机探测的作用就更加明显。

相对于其他探测，飞机探测有很多优势，不光能够探测到温度、气压、湿度、风向、风速等常规气象要素，还能够探测到云、雾和降水的各项物理参数，如云雨滴谱、雹谱、冰核数、含水量、云内电场、荷电量等，甚至能够探测大气成分、气溶胶粒子、大气的垂直结构等，这些数据也是我们了解大气的微物理过程、开展人工影响天气工作非常珍贵的资料。

飞机探测

    飞机探测有很多优点，但也存在缺点。一方面，飞机探测对飞机本身的连续航行能力、飞行高度、抵抗不良天气的能力等都有很高的要求。另一方面，我们装在飞机上的各类探头，由于云的不均匀特性和飞机本身受气流的影响，这些探头所测量到的数据会有一定的误差。因此，飞机探测还需要技术上的革新，飞机的性能好、探头的精度高，这样才能更好地应用于人工影响天气中。

多普勒雷达

    在雷达探测中，多普勒雷达可谓是一个耀眼的"新秀"，它以自身优越的性能和丰富的功能，被气象工作者称为新一代天气雷达。我国多普勒雷达网已初步建立，在降水观测、强天气监测与预警方面发挥着重要作用。

    尽管多普勒雷达具有很多优点，在天气预报中也发挥着很重要的作用，但在人工影

多普勒雷达

响天气方面的应用还处于初级阶段，需要进一步开发和利用。目前，美国已经将多普勒雷达装载在飞机上进行探测，这也是我们需要努力的方向。

偏振雷达

偏振雷达现已成为世界各国天气雷达技术升级的方向。其在暴雨监测、降水估测精度等方面具有明显优势。雷达系统生成的丰富的气象产品可完全满足短时临近预报、降水估测、强天气识别和分析、风场分析和切变识别等业务和服务的需要。它能够辨别云中水的存在形式，获得更精准的降水测量，也能够监测云中过冷水转换为冰晶以及云中雨滴的增长过程，在人工影响天气工作中应用价值非常大。当然，这种雷达系统还处于不断完善之中，还需要增加布点和推广使用。

毫米波测云雷达

毫米波的散射特性对目标的细微结构比较敏感，因此，毫米波雷达适用于探测直径从几微米到雨滴大小的小质点。它是研究云和降水形成与发展的微物理过程的理想工具，具有体积小、质量轻、使用和维护方便等特点。适用于机场、港口及科研部门进行非降水云和弱降水云探测，可提供云底高度、云顶高度及云厚等信息，判别云的属性、云的相态及云滴谱分布等。

毫米波雷达在国外已经用于实际工作当中，在我国也得到了初步的发展和应用，这一技术对人工影响天气业务也会产生一定的推动作用。

卫星技术

气象卫星能够提供更多的关于云的信息，如水汽场、气溶胶粒子数和谱分布、滴谱特征、云顶温度等。卫星探测到的信息可用于反演云降水结构、演变特征等方面，卫星技术已在人工影响天气的研究中发挥了重要作用。

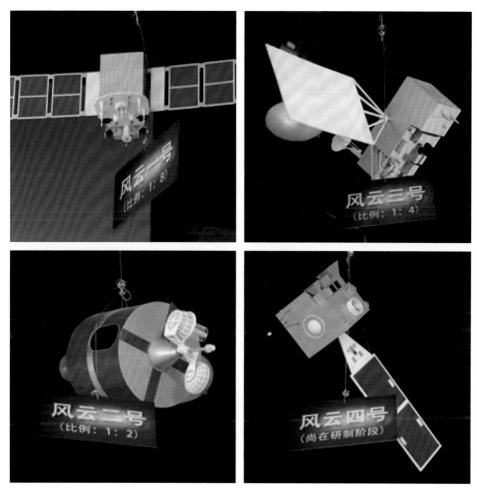

气象卫星模型

大气廓线探测系统

　　风廓线仪可以实现对流层风廓线的连续测量，与声雷达配合，可以实现温度廓线探测。地基 GPS 接收器可以实现垂直水汽总量探测。我们应该充分利用大气廓线探测系统探测到的大气风廓线、温度廓线、湿度廓线等资料，使之更好地为人工影响天气业务服务。

GPS系统

关于 GPS 系统在气象上的应用，前面已经讲过，GPS 系统也可以实现对风、温度、湿度的垂直廓线的探测，但这些技术还没有被我国很好地开发和利用。另外，北斗卫星导航系统在我国已投入使用，我们应该充分挖掘这一系统在人工影响天气业务中的使用价值。

播撒技术

要做到"适当时间、适当位置、适当剂量"的优化播撒，就需要我们对作业的目标——云，有一个非常清晰、准确的认识，也需要我们的科研水平、业务能力都有一个很大的提升，更需要作业人员素质的提高，充分发挥指挥系统的作用。

催化技术

在催化技术方面，一是我们需要探测技术的支持，以获得更准确的播撒时间和更精准的播撒部位；二是我们要研制更有效的新型催化剂；三是我们要在试验和业务中不断地总结经验，寻求更好的催化方式。

我们需要做大量的云室试验，确定其成冰效果后，才能用于人工影响天气外场试验，而云室性能的稳定和检测结果的可靠性，直接影响催化剂的选择和研究。

火箭技术

要使火箭技术更好地应用于人工影响天气业务中，在四个方面要加快研发：一是采用设计技术，简化生产工艺，提高生产效率，采用廉价材料等，研制低成本的火箭发动机；二是研发新型的火箭残骸处理技术；三是在减小催化剂量的前提下，提高成核总数，研发高性能的催化剂；四是使火箭的射高系列化，做到因需用弹，减少浪费。

需求展望

人工影响天气是保障国家粮食安全、水安全、生态安全、国防安全的一项重要事业，是提高气象防灾减灾能力、应对气候变化能力、开发利用水资源能力的一项基础工作。新形势下人工影响天气工作须适应新需求、迎接新挑战。

防灾减灾

我们国家的自然灾害比较多，而气象灾害又占了很大的比重。统计表明，在各类自然灾害中，气象灾害造成的损失达到 70%。干旱、冰雹、暴雨、霜冻、大雾、雷电等灾害频发，在极端天气气候事件影响日趋加剧的背景下，减少气象灾害对社会发展造成的影响，对利用人工影响天气的手段防灾减灾提出了更高的需求。

生态建设和保护

我国面积广大，地形复杂，生态环境的基础比较薄弱，脆弱生态区的面积占国土总面积的 20%。而由于过度砍伐、过度放牧、过度农垦，水资源利用不当，

工矿交通建设中不注意环保等多种原因，生态环境进一步恶化。目前，我国荒漠化土地面积为 262.2 万千米^2，占国土总面积的 27.4%，近 4 亿人口受到荒漠化的影响。

在生态环境的保护和改善方面，我们国家采取了很多措施，如植树造林、退耕还林、退牧还草、天然林保护工程、湿地保护工程等，这些都属于"人努力"。光靠人努力还不够，我们还需要"天帮忙"，这就需要我们适时开展人工影响天气作业，在国家生态建设和保护中发挥作用。

开发水资源

水是人类及其他生物赖以生存的必不可少的重要物质，是工农业生产、经济发展和环境改善不可替代的极为宝贵的自然资源。我国水资源总量约为 2.812 4 万亿米^3，占世界径流资源总量的 6%。我国又是用水量最多的国家，1993 年全国取水量（淡水）为 5 255 亿米^3，占世界年取水量的 12%，比美国 1995 年淡水

取水量 4 700 亿米^{3}还高。但是，由于我们国家人口众多，当前我国人均水资源占有量为 2 500 米^3，约为世界人均占有量的 1/4，排名百位之后，被列为世界几个人均水资源贫乏的国家之一。另外，中国属于季风气候，水资源时空分布不均匀，南北自然环境差异大，其中北方 9 省（区），人均水资源不到 500 米^2，是严重缺水地区。

在地表水如此紧张的情况下，开发和利用空中的水资源受到越来越多的关注，这一需求不仅迫切，也是一项浩大的工程。

工业和交通安全

工业的发展需要电，而水库发电是电力供应的主要手段，所以各地对利用人工增雨增加水库蓄水量，提高电力供应能力的需求越来越多。

大雾是造成交通事故和交通中断的主要天气因素，因此，开展机场和高速公路关键路段消雾是人工影响天气面临的重大课题。

公共安全

人工增雨是扑灭森林草原大火的重要手段。在发生大面积污染事件时，也可通过人工增雨来稀释污染物。在一些重大的公共活动中，人工影响天气工作也发挥着重要的作用，如 2008 年针对北京奥运会开幕式的人工消雨，就保障了这次盛会的顺利举行，在上海世博会等其他的一些重大活动中，人工影响天气工作也成为了活动顺利举行的有力保障。

参考文献

陈光学，等，2008. 火箭人工影响天气技术［M］. 北京：气象出版社.

邓北胜，2011. 人工影响天气技术与管理［M］. 北京：气象出版社.

郭学良，2010. 大气物理与人工影响天气（上、下）［M］. 北京：气象出版社.

马官起，等，2005. 人工影响天气三七高炮实用教材［M］. 北京：气象出版社.

张蔷，等，2011. 人工影响天气试验研究和应用［M］. 北京：气象出版社.

中国气象局科技发展司，2003. 人工影响天气岗位培训教材［M］. 北京：气象出版社.

中国气象学会人工影响天气委员会，等，2008. 第十五届全国云降水与人工影响天气科学会议论文集［M］. 北京：气象出版社.

中国气象学会人工影响天气委员会，等，2009. 中国人工影响天气事业50周年纪念文集［M］. 北京：气象出版社.